B.A.R.F.
FÜR KATZEN

B.A.R.F. FÜR KATZEN

Die Alternative zur Maus

von Nadine Leiendecker

Impressum

Copyright © 2010 by Cadmos Verlag GmbH, Schwarzenbek

Gestaltung und Satz: jb:design – Johanna Böhm, Möhnsen

Titelfoto: Thorsten Leiendecker

Fotos im Innenteil ohne Fotonachweis: Thorsten Leiendecker

Lektorat: Anneke Bosse

Druck: Westermann Druck, Zwickau

Deutsche Nationalbibliothek – CIP-Einheitsaufnahme

Die Deutsche Nationalbibliothek verzeichnet diese Publikation in der Deutschen
Nationalbibliografie; detaillierte bibliografische Daten sind im Internet über
http://dnb.ddb.de abrufbar.

Printed in Germany

ISBN 978-3-8404-4001-4

EIN PAAR WORTE VORWEG

Wenn man das riesige Angebot in Tierfutter-geschäften sieht, fällt die Auswahl des richtigen Futters für die eigene Katze sehr schwer. Da wird geworben, was das Zeug hält, und man muss sich entscheiden zwischen Seniorenfutter, Diätfutter, Futter für Welpen, für adulte Katzen, für Indoorkatzen oder Outdoorkatzen ... Damit ist die Liste noch lange nicht zu Ende. Wenn es nach der Tierfutterindustrie geht, ist solches Fertigfutter das Nonplusultra und erhält die Katze lange gesund und fidel.

Aber warum findet man dann auch so viele verschiedene „medizinische" Futtersorten, etwa für Katzen mit Zahnproblemen, gegen Allergien, Nierenleiden, Diabetes mellitus und manch andere „typische" Krankheiten? Ist das Futter aus dem Regal vielleicht doch nicht so gut?

Frei lebende Katzen jeden Alters, die sich um die Nahrungsbeschaffung selbst kümmern müssen, fangen Mäuse, Kaninchen, Vögel und anderes Kleingetier. Mir ist noch nie zu Ohren gekommen, dass es bestimmte Beutetiere für „Seniorkatzen" gäbe, sozusagen „Seniormäuse". Interessant ist außerdem, dass beispielsweise bei Bauernhofkatzen und auch Wildkatzen viel seltener Probleme wie Nierenleiden, Zahnstein, Allergien, Hautprobleme und ähnliche Krankheiten auftreten. Dafür muss es doch einen Grund geben.

Die modernen Zivilisationskrankheiten des Menschen wie zum Beispiel Allergien und Diabetes mellitus haben viel mit einer falschen und einseitigen Ernährung zu tun. Da ist es kaum verwunderlich, dass diese Regel bei unseren Haustieren ebenso gilt. Aus gutem Grund kommen wir selbst nicht auf die Idee, uns ausschließlich von den Produkten namhafter Fast-Food-Ketten oder von Fertigprodukten zu ernähren. Warum also sollten wir dies mit unseren Katzen machen?

Mal ehrlich: Wissen wir denn so genau, was die Dosen, Schälchen und Beutelchen für unsere Samtpfoten im Detail enthalten? Können wir entschlüsseln, was die ganzen Bezeichnungen auf den Zutatenlisten bedeuten, wie das alles verarbeitet wurde, wo die Inhaltsstoffe herkommen und welche Qualität sie zum Zeitpunkt der Verarbeitung hatten? Können wir uns sicher sein, dass nicht genmanipuliertes Fleisch, Fisch oder Gemüsesorten verwendet wurden? War alles frisch, als es verarbeitet wurde? Wenn die Konzerne uns Menschen schon Gammelfleisch verkaufen, besteht dann nicht die Gefahr, dass dies auch in der Tierfutterindustrie passiert?

Fragen über Fragen ... Letztlich führen sie dann zu einer weiteren Frage: Wieso stelle ich das Futter meiner Katze nicht selbst her? Dann weiß ich wenigstens, welche Zutaten enthalten sind und wie sie verarbeitet wurden. Ich koche ja auch für mich selbst – warum also nicht für mein Tier?

Ich muss gestehen, dass ich mir anfangs keine großen Gedanken um das Futter meiner Tiere gemacht habe und mich auch von der Werbung der Futtermittelindustrie habe blenden und leiten lassen. Dass sich dies irgendwann änderte, habe ich meiner Katze zu verdanken, die im Gegensatz zu vielen anderen Katzen jeden Futterwechsel bereitwillig mitmachte. Und so

fing ich an, mehrere Futtersorten und auch Futtermarken auszuprobieren, da ich meiner Katze Abwechslung bieten wollte, wenn sie schon offen dafür ist.

Ich kaufte also immer mal eine andere Marke Katzenfutter von deutschen und ausländischen Herstellern, wobei mir auffiel, dass die aufgedruckten Fütterungsempfehlungen selten gleich waren. Da hieß es dann einmal, dass eine Katze mit einem Körpergewicht von ungefähr vier Kilo 200 Gramm am Tag fressen sollte. Auf einer anderen Dose stand dann etwas von 400 Gramm Tagesration.

Meine Neugier war geweckt, und so fing ich an, mich mit den Inhaltsstoffen auseinanderzusetzen, denn an irgendetwas mussten diese extremen Schwankungen ja liegen. Damit war der erste Stein gelegt.

Ich verglich also die Inhaltsstoffe und stellte fest, dass schon der Fleischanteil stark variierte, von den anderen Zutaten ganz zu schweigen. Ich beschäftigte mich intensiver mit den Futterbedürfnissen meiner Katze. Als ich dann das Studium zur Tierheilpraktikerin absolvierte, lernte und las ich immer mehr über das Thema.

Bei meinen Recherchen im Internet stieß ich dann das erste Mal auf den Begriff B.A.R.F. – allerdings nur im Zusammenhang mit der Ernährung von Hunden. Diese Art der Fütterung basiert auf der Grundidee, das natürliche Beutetier der wilden Vorfahren des Hundes mit handelsüblichen Zutaten nachzuahmen. Ich war mir sicher, dass es dieses Fütterungsprinzip auch für Katzen geben musste. Schließlich

sind Katzen von jeher Raubtiere. Zumindest wenn sie auf Bauernhöfen leben, ernähren sie sich auch heute noch ebenso wie ihre Verwandten in zoologischen Gärten nicht mit industriell hergestelltem Katzenfutter, sondern jagen sich ihre Nahrung selbst und fressen rohes Fleisch.

Ich forschte also weiterhin nach, denn dieses Thema faszinierte mich und ich wollte auch meine Abschlussarbeit darüber verfassen. Ich fragte in Zoos nach und in entsprechenden Internetforen und fand nach langem Suchen dann doch viele, wenngleich englischsprachige Informationen über das Barfen von Katzen und die Gerüchte und Tricks der Futtermittelindustrie.

Schließlich war es an der Zeit, diese Art des Beutetiernachbaus selbst auszuprobieren. Eigentlich bin ich streng gegen Tierversuche, aber jetzt mussten meine Katze und die Katzen meiner Freunde, Bekannten und Verwandten „herhalten". Die Erfahrungen, die ich seither gemacht habe, haben mich überzeugt – ebenso wie die „Versuchskatzen", die schon lange kein Dosenfutter mehr in ihren Schälchen hatten und sich für diese Art der Ernährung mit Vitalität und bestem Wohlbefinden bedanken.

Für mich ist dies Grund genug, meine Erfahrungen an möglichst viele Katzenhalter weiterzugeben und sie zu ermutigen, das Futter für ihre Lieblinge selbst zuzubereiten. Ich hoffe, dass es mir mit diesem Buch gelingt.

Nadine Leiendecker, im August 2010

MYTHEN DER KATZENERNÄHRUNG

Leider gibt es viele Gerüchte, die die Futtermittelhersteller in die Welt gesetzt haben und die mittlerweile kritiklos als Wahrheit akzeptiert werden. Auch daran liegt es, dass nur wenige Menschen auf die Idee kommen, das Futter für ihre Katze selbst zuzubereiten. Wieso selbst herstellen, wenn das Fertigfutter aus der Dose doch für die Katze so gesund und für den Menschen so bequem ist? Mit den zehn häufigsten Mythen, die uns rund um die Katzenernährung begegnen, möchte ich hier aufräumen.

Industriell hergestelltes Fertigfutter ist ausgewogen und enthält alles, was die Katze für ein langes, gesundes Leben braucht.

Falsch! Leider garantiert Fertigfutter nicht das lange und gesunde Leben, das die Futtermittelproduzenten versprechen. Kein industriell hergestelltes Futter ist so ausgewogen, dass man es ausschließlich ein Leben lang füttern könnte. Im Gegenteil: Aufgrund seiner Verarbeitung (zum Beispiel durch

Kochen) sowie der Zusätze (Konservierungsstoffe, synthetisch hergestellte Vitamine und Mineralien und anderes mehr) kann es sogar gesundheitliche Schäden anrichten. Die Balance der einzelnen Nährwerte erfüllt oft die Bedürfnisse der Katze nicht. Ein Beispiel: In den meisten Trockenfuttersorten, die auch als „Alleinfutter" angeboten werden, ist der Anteil an Kohlenhydraten höher als der Proteingehalt (Eiweißgehalt), obwohl bekannt ist, dass Katzen eher eiweißreiche und kohlenhydratarme Kost brauchen beziehungsweise auch besser verdauen können.

Vor einigen Jahren wurde in einem namhaften Verbrauchertest festgestellt, dass die Kalzium-Phosphor-Balance in einem viel beworbenen Dosenfutter nicht stimmt. Es war zu wenig Kalzium enthalten. Knochen- und Gelenkerkrankungen wie beispielsweise Arthrose sind leider keine Seltenheit mehr bei unseren Katzen.

Es gibt viele dieser Beispiele: Manche Futtermittel enthalten zu viele Vitamine oder andere Bestandteile, die in gewissen Mengen zwar lebensnotwendig, aber teilweise bei Überdosierung auch schädlich sind. Manchmal sind diese Zusätze zudem künstlich hergestellt, sodass der Organismus der Katze diese nur schwer oder nur teilweise verwerten kann.

Mittlerweile enthalten sogar viele Futtersorten Kräutermischungen oder bestimmte Pflanzenanteile, die in der angegebenen Dosis zwar als nicht giftig eingestuft werden, es gibt jedoch keine Erkenntnisse über die Langzeitwirkung. Dies gilt etwa für Pflanzenauszüge von Yucca oder Alfalfa, die normalerweise als toxisch für Katzen gelten, oder für die Aloe Vera, die einen medizinischen Nutzen bei bestimmten Krankheitsbildern haben kann. Das bedeutet jedoch nicht, dass die tägliche Zufuhr für gesunde Katzen sinnvoll ist. Niemand

kann einschätzen, welche Wirkung diese Pflanzenauszüge auf unsere Katzen haben, wenn sie Tag für Tag über Jahre hinweg dem Organismus zugeführt werden.

Viele Katzenbesitzer geben ihrem Tier nur eine einzige Futtersorte, da dieses Futter vom Produzenten als ausgewogenes Alleinfuttermittel deklariert wird. Ein Mangel oder eine Überdosierung einzelner Bestandteile wird dadurch riskiert, und auch die Gefahr einer Entstehung von Allergien sowie von Krankheiten des Stoffwechsels und der inneren Organe, die heute oft als „altersbedingt" eingestuft werden, steigt an.

Auch sollte man nicht dazu übergehen, seiner Katze nur noch Fleisch anzubieten. Denn dieses kann durch Kalziummangel und Phosphorüberschuss das bei Raubkatzen in Zoohaltung bekannte sogenannte All-meat-Syndrom auslösen, welches zu stumpfem und struppigem Fell und bei längerer Fütterung zu ernsthaften Knochenschäden führen kann.

Fest steht: In der Natur erhält die Katze alles, was sie braucht, indem sie sich abwechslungsreich ernährt. Beutetiere verschiedener Art und unterschiedlichen Alters gewährleisten eine besser ausgewogene Ernährung, als die Futtermittelindustrie sie jemals künstlich herstellen könnte.

Kohlenhydrate sind eine wichtige Energiequelle für die Katze.

Dieser Mythos wurde in die Welt gesetzt, um den hohen Getreideanteil im industriell hergestellten Fertigfutter, vor allem in Trockenfutter, zu rechtfertigen. Fakt ist, dass Katzen wenige bis gar keine Kohlenhydrate in ihrer täglichen Nahrung benötigen, aber Getreide eine preiswerte Energiequelle in Form

Man muss davon ausgehen, dass viele Tierärzte ihre Informationen bezüglich der Katzenernährung von der Futtermittelindustrie bekommen, da sie dieses Futter innerhalb ihrer Praxen zum Verkauf anbieten. Viele Tierärzte stufen – vielleicht gerade deshalb – Krankheiten, die sie behandeln, nicht als ernährungsbedingt ein, sondern begründen sie eher mit dem Alter der Katze, einer genetischen Veranlagung oder Ähnlichem. Der australische Tierarzt Dr. Ian Billinghorst formulierte es einmal so: „Die traurige Wahrheit ist, dass Fertigfutter dabei hilft, Tierärzte mit Patienten zu versorgen."

Trockenfutter beugt Zahnstein vor und reinigt die Zähne.

Das ist schlichtweg falsch! Auch in der Futtermittelindustrie sind die Hersteller schon dazu übergegangen, nicht mehr mit dieser Aussage zu werben, sondern Produkte auf den Markt zu bringen, die speziell gegen Zahnstein und die verschiedenen Zahnprobleme helfen sollen. Es wurden bestimmte Leckerchen produziert, die durch ihre Form oder Beschaffenheit dazu beitragen sollen, die Zähne zu reinigen und die Bildung von Zahnstein zu verhindern. Normales Trockenfutter kann nichts für die Gesundheit und Erhaltung der Zähne und des Zahnfleisches beitragen, da die einzelnen Futterbröckchen viel zu klein sind, um etwas zu bewirken. Sie werden teilweise im Ganzen verschluckt – viele Katzen sind in dieser Hinsicht faul und kauen nur dann, wenn sie es müssen, zum Beispiel, wenn sie ein größeres Stück Fleisch oder ein ganzes Beutetier fressen.

Rohes Fleisch enthält Bakterien und Parasiten und sollte deswegen nie verfüttert werden.

Mit dieser Aussage, die teilweise sogar in Fachbüchern gefunden werden kann, wird eine nicht begründbare Panik geschürt. Denken wir kurz einmal darüber nach, wie hygienisch eine Maus, ein Vogel oder auch ein gefundenes Ei sind, die eine Bauernhofkatze oder frei lebende Katze fängt. Wenn obige Aussage stimmen würde, müssten diese Katzen schon längst ausgestorben sein. Solange sie gesund ist, macht eine Verwurmung einer wild lebenden und jagenden Katze nicht viel aus. Dennoch wird der Hauskatzenhalter selbstverständlich mit regelmäßigen Wurmkuren dafür sorgen, den Parasitenbefall unter Kontrolle zu halten.

Zwar ist die Möglichkeit gegeben, dass sich eine Katze über rohes Fleisch mit Krankheitserregern infiziert. Doch im Allgemeinen sind Katzen sehr unempfindlich gegenüber dieser Gefahr, was daran liegt, dass ihr Verdauungssystem dieser Nahrung von Natur aus angepasst ist: Der pH-Wert im Magen der Katze liegt bei unter 1, das heißt, das Milieu des Magens ist sehr sauer und bietet Parasiten aus der Nahrung wenig Überlebenschancen. Hinzu kommt, dass der vergleichsweise kurze Darm der Katze die Nahrung sehr schnell passieren lässt.

Eine Ausnahme gibt es allerdings: der Aujeszky-Virus, der in rohem Schweinefleisch und in Wildschweinfleisch zu finden sein kann. Dieser Virus löst die für Katzen so gefährliche Pseudowut (Aujeszkysche Krankheit) oder auch Tollkrätze aus, eine ansteckende und anzeigepflichtige Tierseuche. Betroffene Katzen bekommen eine Gehirn- und

Rückenmarksentzündung mit zentralnervösen Erscheinungen und starkem Juckreiz. Nach wenigen Tagen verläuft die Infektion bei nahezu allen Katzen tödlich. Deutschland gilt zwar dank strenger Kontrollen der Schweinemast- und Zuchtbetriebe als Aujeszky-Virus-frei, doch man sollte kein unnötiges Risiko eingehen und deshalb jegliches rohes Fleisch vom Hausschwein und vom Wildschwein aus der Nahrung unserer Samtpfoten weglassen.

Man muss Ernährungsexperte sein, um seiner Katze das Futter selbst herzustellen.

Die Futtermittelhersteller wollen uns immer wieder weismachen, dass es eine Wissenschaft ist, seine Katze abwechslungsreich und gesund zu ernähren. Dabei gelingt es uns bei uns selbst doch auch ganz gut, uns zu ernähren, und das ganz ohne Studium.

Ein bisschen Logik, gesunder Menschenverstand und Grundkenntnisse der Ernährungslehre sowie der Ansprüche unserer Katze reichen aus, um sie glücklich zu machen und gesund zu ernähren. Hier gilt – genauso wie beim Menschen – der lateinische Grundsatz „Variatio delectat" – die Abwechslung erfreut. Wenn wir unsere Katzen mit den richtigen Futterbausteinen abwechslungsreich ernähren, dann haben sie auch die Möglichkeit, alle Nährstoffe, die sie brauchen, zu erhalten. Mal ein bisschen mehr hiervon und mal ein bisschen weniger davon, schon gelingt eine gehaltvolle Ernährung für Ihren Vierbeiner. Die größte „Schwierigkeit" – und da spreche ich wohl fast jedem Katzenbesitzer aus dem Herzen – besteht darin, herauszufinden, was die Katze frisst und was sie ablehnt.

In Zoologischen Gärten werden Großkatzen (hier ein Gepard) und auch die kleinen Wildkatzen mit rohem Fleisch gefüttert.

Selbst gemachtes Futter verursacht Mangelerscheinungen.

Die Futtermittelindustrie geht davon aus, dass man mit „selbst gemachtem Futter" entweder Tischreste oder pures Fleisch ohne weitere Ergänzungen verfüttert. Dieses wäre in der Tat unausgewogen und würde irgendwann Mangelerscheinungen nach sich ziehen. Es ist aber ohne Probleme möglich, selbst Futter für die Katze herzustellen, das ausgewogen und frisch ist. Tausende Katzenbesitzer und auch Katzenzüchter ernähren ihre Tiere erfolgreich mit einer gesunden Rohkost, die Fleisch, Fisch und Pflanzen-/Gemüseanteile beinhaltet, und beweisen somit das Gegenteil.

Es darf nicht verschwiegen werden, dass Katzen bei fehlender Fachkenntnis und einseitiger Rationsgestaltung auch durch selbst gemachtes Futter krank werden können. Gerade deshalb möchte dieses Buch das nötige Wissen für die ausgewogene Rohfütterung vermitteln.

Auch in Zoologischen Gärten werden die Wildkatzen mit rohem Fleisch inklusive Gemüseanteilen plus Mineralstoff- und Vitaminpräparaten gefüttert. Dies gilt nicht nur für Großkatzen wie Gepard, Tiger, Löwe und Co., sondern auch für die engen Verwandten unserer Hauskatze, die Falbkatze oder Osmanische Sandkatze sowie andere kleine Wildkatzen. Trotz dieser Fütterungsart leiden sie keinesfalls an Mangelerscheinungen, im Gegenteil, sie strotzen nur so vor Gesundheit.

Katzen dürfen keine Knochen im Futter bekommen, weil diese splittern.

Dies ist ein weiteres Beispiel für die Missinterpretation von Tatsachen. Knochen sind in rohem Zustand elastisch und verhältnismäßig weich. Erst durch Kochen, Braten oder ähnliche Verarbeitung werden sie trocken und spröde, weil ihnen durch das Erwärmen das Wasser entzogen wird. Erst dann besteht also die Gefahr, dass sie splittern.

Andernfalls wäre es ein Wunder, dass Raubtiere in der Wildnis überleben, obwohl sie die Knochen ihrer Beutetiere meistens mitfressen und damit ihren Bedarf an Kalzium und anderen lebenswichtigen Mineralien und Spurenelementen decken. Auch Wildkatzen in den Zoologischen Gärten werden mit rohem Fleisch inklusive Knochen gefüttert.

Zu viel Eiweiß in der Nahrung ist ungesund und belastet die Nieren.

Diese Aussage dient der Futtermittelindustrie als Alibi dafür, dass ihre Produkte niedrige und qualitativ minderwertige Proteingehalte aufweisen.

Im Gegensatz zu uns Menschen ist die Katze dank ihrer Physiologie dazu prädestiniert, große Mengen an hochwertigem Eiweiß zu sich zu nehmen und zu verdauen. Dies macht Sinn, da die natürlichen Beutetiere wie Mäuse und andere Kleintiere sehr proteinreich sind.

Stark belastend für die Nieren unserer Katzen sind Eiweiße aus qualitativ minderwertiger, industriell gefertigter Nahrung. Ebenso fördern ein Übermaß an Getreide oder anderen Kohlenhydraten durch den Phosphorüberschuss die Belastung und sogar Entzündung der Nieren. Die Kohlenhydrate können zudem nur zum Teil genutzt werden, sodass der Körper der Katze große Mengen an unverdaulichen Stoffen ungenutzt durchschleusen und ausscheiden muss. Dabei kann es zu Verdauungsstörungen und im ungünstigsten Fall sogar zu einem Darmverschluss kommen.

WAS IST B.A.R.F.?

B.A.R.F. ist eine Abkürzung, die aus dem amerikanischen Sprachgebrauch stammt und für „Bones and Raw Food" steht. Auf Deutsch wird es gern mit „Biologisch Artgerechtes Rohes Futter" oder „Biologisch Artgerechte Rohfütterung" übersetzt.

Aber was versteht man genau darunter, und wieso sollte diese Art, sein Tier zu füttern, besser und gesünder sein?

Der Natur abgeschaut

B.A.R.F. ist die Idee der natürlichen Ernährung von Katzen, aber auch anderer sogenannter Carnivoren (lateinisch für „Fleischfresser"), wie etwa Hunden oder Frettchen, mit einem in der Regel selbst zubereiteten Futter aus frischen und rohen Zutaten.

Das grundlegende Ziel besteht darin, die Ernährung unserer Hauskatzen der ihrer wilden Vorfahren und Zeitgenossen möglichst naturnah nachzugestalten und dabei auf die grundlegenden Nahrungsbedürfnisse der Katze einzugehen.

Barfen bedeutet keinesfalls, unserem Vierbeiner ausschließlich rohes Fleisch zu füttern. Fleisch macht zwar die Hauptkomponente dieser speziellen Fütterung aus, andere Bestandteile einer naturnahen Ernährung dürfen jedoch keinesfalls vernachlässigt werden oder gar fehlen. Dennoch ist Barfen keine hoch komplizierte Wissenschaft, die ein Studium der Veterinärmedizin, Zoologie oder Biologie voraussetzt. Solange man mit gesundem Menschenverstand und Logik an die Sache herangeht und ein paar grundlegende Regeln befolgt, kann man eigentlich nichts falsch machen. Auch an der menschlichen Ernährungsphysiologie kann man sich in grundlegenden Prinzipien gut orientieren, was etwa die Abwechslung der Nahrung angeht.

„Das Barfen" gibt es nicht! Innerhalb dieser Fütterungsphilosophie gibt es die verschiedensten Methoden, seine Katze artgerecht, gesund

Vitalität und Lebensfreude – so dankt die Katze dem Menschen eine artgerechte Fütterung.

und ausgewogen zu ernähren. Barfen mit Knochen ist genauso richtig wie Barfen ohne Knochen. Barfen mit Getreide ist ebenso gut wie Barfen ohne Getreide. Und es gibt noch einige Methoden mehr. Dabei kann keine dieser Praktiken die alleinige Wahrheit für sich beanspruchen. Vielmehr bestimmt die Kombination aus Besitzer und Katze die (für diese Zusammensetzung) richtige Barfmethode. Schließlich soll es Ihrer Katze ja auch schmecken und nicht einfach „nur" gesund sein.

Ihre Aufgabe als Katzenbesitzer ist es, die für Ihre Katze und sich selbst passende Barfmethode herauszufinden, zu erlernen und anzuwenden. Hierzu müssen Sie sich auf eine kurze Zeit voller Futterexperimente mit Ihrer Katze einstellen. Ich nenne sie gern die „Tierversuchszeit". Lohn dieser Arbeit ist eine gesunde, glückliche und zufriedene Katze. Sie werden den Unterschied sehen und fühlen!

Rohfütterung – warum?

Wem das Thema „Biologisch Artgerechte Rohfütterung" noch nicht vertraut ist, stellt sich anfangs zwangsläufig einige Fragen:

* Ist es wirklich notwendig, mehr Zeit in die Zubereitung des Futters zu investieren?
* Warum muss man mit rohem Fleisch hantieren?
* Muss man Pülverchen kaufen, abwiegen und unter das Futter mischen?
* Warum muss man alles selbst berechnen?

Dazu sei vorab nochmals gesagt: So schwierig und kompliziert, wie es auf den ersten Blick erscheint, ist das Barfen nicht! Natürlich muss man sich mit dem Bedarf der Katze, den Inhaltsstoffen der einzelnen Futterkomponenten und ihren Wirkungen

auseinandersetzen und sich gut informieren. Eine Wissenschaft muss es aber trotzdem nicht werden. Wer sich mit den Grundbedürfnissen seiner Katze auskennt, das Futter ausgewogen zubereitet und für genügend Abwechslung sorgt, kann Mangelerscheinungen durch Unterversorgung aus dem Weg gehen.

Hier ein paar gute Gründe, warum man mit dem Barfen beginnen sollte. Dies ist keine vollständige Liste, da die Motive für eine Futterumstellung so unterschiedlich sind, wie es Katzen und ihre „Futterexperten" nur sein können.

- Barfen fördert die Gesundheit der Zähne und beugt Zahnstein vor.
- Allergien treten seltener auf. Bei bestehenden Allergien kann eine Futterumstellung auf B.A.R.F. Abhilfe schaffen.
- Katzen sind Fleischfresser! Sie würden sich in der Natur niemals über ein Müsli vom Getreidefeld hermachen.
- Barfen ist gut für Gelenke und Knochen, lässt das Fell glänzen und sorgt insgesamt für ein langes, gesundes Leben.
- Nervenzellen und Muskelzellen werden optimal mit Nährstoffen versorgt und arbeiten deshalb besser.
- Die Futterration enthält keine ungewollten oder auf Dauer ungesunden Kräutermischungen.
- Als Tierhalter kennt man jeden Bestandteil des Futters und kann nachvollziehen, was man der Katze eigentlich zu fressen gibt.
- Auf die Qualität und Frische der verschiedenen Zutaten hat man selbst Einfluss.
- Industriell hergestelltes Futter beinhaltet oft Zusatzstoffe, die Allergien, Durchfall und ähnliche Reaktionen auslösen können. Dies kann durch B.A.R.F. vermieden oder eingedämmt werden.

Gesundes Futter macht nicht nur die Katze glücklich, sondern auch den Menschen, der sich an einem vitalen Stubentiger erfreuen kann. (Foto: animals digital/Thomas Brodmann)

- Von der Futtermittelindustrie durchgeführte Tierversuche für Katzenfutter werden nicht unterstützt, und genmanipulierte Inhaltsstoffe können gemieden werden.

Was die Nahrungsphysiologie der Katzen betrifft, also die Funktionsweise ihres Verdauungsapparats, so haben wir bereits gesehen, dass das Barfen die tiergerechteste und gesündeste Ernährung für den Fleischfresser Katze ist. Gleiches gilt auch für die Nahrungspsychologie des kleinen Raubtiers – das Barfen kommt seiner Natur am nächsten. Wer seine Katze so ernährt, wird bestätigen, dass es eine Freude ist, ihr beim Fressen zuzuschauen und zu beobachten, mit wie viel Spaß sie ihr Futter verspeist. Viele Katzen fangen wieder an, instinktiv mit ihrer Nahrung zu spielen und sie zu verschleppen, wie es in der Natur üblich ist. Das kann zwar manchmal etwas an die Nerven des Besitzers gehen, weil er einzelne Futterbröckchen aus dem Wohnzimmer oder unter dem Tisch wieder in den Fressnapf legen muss, aber die Katze hat Spaß, ist beschäftigt und somit ausgeglichen. Dies trägt zur gemeinsamen Zufriedenheit und Harmonie bei – und das ist doch die Hauptsache!

Was ist Fertigfutter?

Fertigfutter besteht aus stark verarbeiteten und oft auch qualitativ nicht besonders hochwertigen Inhaltsstoffen. Um das Futter haltbar zu machen, wird es gekocht, sterilisiert und je nach Sorte oder Darreichungsform auch noch getrocknet. Viele Nährstoffe werden dabei verändert oder sogar zerstört.

Während die natürliche Kost der Katze im Schnitt höchstens zehn Prozent pflanzliche Bestandteile aus dem Magen-Darm-Trakt des Beutetiers enthält, sind in Fertigfutter je nach Sorte bis zu 80 Prozent Getreide enthalten. Der Stoffwechsel, die inneren Organe sowie der kurze Darm der Katze sind nicht in der Lage, Kohlenhydrate optimal aufzuschlüsseln und zu verwerten. Der tierische Anteil in Fertigfutter besteht oft gänzlich oder zu einem hohen Teil aus minderwertigen Nebenprodukten wie Schlachtabfällen. Selbst wenn dieses nicht der Fall ist und der Futtermittelhersteller auf einigermaßen gute Qualität achtet, reicht der Anteil an hochwertigen tierischen Bestandteilen im Fertigfutter nicht aus, um den Bedarf der Katze zu decken.

In den meisten Fertigfuttersorten ist beträchtlich weniger Eiweiß und Fett enthalten als in einer Maus oder einem anderen Beutetier. Der Rohproteingehalt im Fertigfutter stammt zum Teil aus pflanzlichen Bestandteilen wie Getreide oder Reis. Ferner werden die Proteine durch den industriellen Verarbeitungsprozess stark denaturiert, was die Verdaulichkeit weiter herabsetzt. Synthetische Vitamine, Mineralien, Taurin und Aminosäuren müssen dem Futter zugesetzt werden, da sie durch Erhitzung teilweise zerstört werden. Oft sind auch Konservierungsstoffe, Farbstoffe oder Zucker enthalten.

Mittlerweile gibt es ein paar hochwertigere Fertigfuttersorten, die nach dem Vorbild der Natur die Nahrungsbedürfnisse der Katze halbwegs erfüllen, aber eben nicht ganz. Auch dieses Futter ist mindestens gekocht, um es haltbar zu machen. Also müsste man auch bei der Wahl dieses Futters zufüttern, um keine Mangelerscheinungen oder Folgekrankheiten der Katze zu riskieren.

Was steckt drin? Maus und Fertigfutter im Vergleich

Stellt man die Nährwerte einer Maus als Beutetier dem industriell hergestellten Fertigfutter (Trocken- oder Nassfutter) gegenüber, sieht man schnell, wieso es Zeit wird, die Ernährung des eigenen Tiers umzustellen.

Eine normale und durchschnittliche Hausmaus wiegt zwischen 20 und 25 Gramm. Nehmen wir jetzt allein die Protein-, Fett- und Kohlenhydratanteile dieses Beutetiers, dannkommen wir – bezogen auf die Trockensubstanz – auf durchschnittlich:

50 bis 60 Prozent Eiweiß,

20 bis 30 Prozent Fett,

3 bis 4 Prozent Kohlenhydrate (bedingt durch die aufgenommene Nahrung).

Wenn man die gleiche Menge an Trockenfutter und Nassfutter nimmt und die Zahlen auf der Packung auf die oben genannte Menge umrechnet, bekommt man bei Trockenfutter die Werte von durchschnittlich

30 bis 40 Prozent Eiweiß,

10 bis 25 Prozent Fett,

30 bis 80 Prozent Kohlenhydrate.

Und beim Nassfutter sieht es nicht besser aus. Je nach Futtersorte gibt es stark schwankende Werte von

30 bis 60 Prozent Eiweiß,

20 bis 40 Prozent Fett,

10 bis 50 Prozent Kohlenhydrate.

Sehr auffällig ist der sehr hohe Kohlenhydratanteil im Fertigfutter. Er deckt sich mit der mittlerweile zugegebenen Aussage der Futtermittelhersteller, dass Kohlenhydrate eine preiswerte Energiequelle sind und deswegen reichlich genutzt werden.

Dabei ist zusätzlich zu beachten, dass die Kohlenhydrate in Fertigfutter keinesfalls rein aus pflanzlichen Bestandteilen stammen. In vielen Futtersorten macht Zucker einen hohen Anteil der Kohlenhydrate aus. Wir wissen, wie schädlich hohe Mengen Zucker für uns und auch für unser Tier sind. Er schädigt die Zähne, begünstigt Übergewicht und treibt das Risiko der Entstehung von Diabetes mellitus nach oben.

Die natürliche Nahrung der Katze …
(Foto: animals digital/Thomas Brodmann)

… und die heute oft übliche Nahrung –
Gemeinsamkeiten sind nicht vorhanden.

Warum wird Zucker beigemengt? Damit das Futter für den Menschen fleischiger aussieht, besser riecht und sich somit besser verkauft …

VOM FUTTER ZUR ENERGIEGEWINNUNG

In diesem Kapitel möchte ich mit Ihnen eine kleine Exkursion durch die Anatomic und Physiologie des Verdauungstraktes Ihres Stubentigers unternehmen. Mit ein paar Grundkenntnissen fällt es leicht, das Verständnis für die natürliche Ernährung unserer Katze zu entwickeln.

Die Aufgabe der Verdauung

Der Vorgang der Verdauung beginnt mit der Futteraufnahme im Mundraum und endet am After. Die Aufgabe dieses komplexen Prozesses besteht darin, die Nahrung so aufzubereiten, dass sie zum

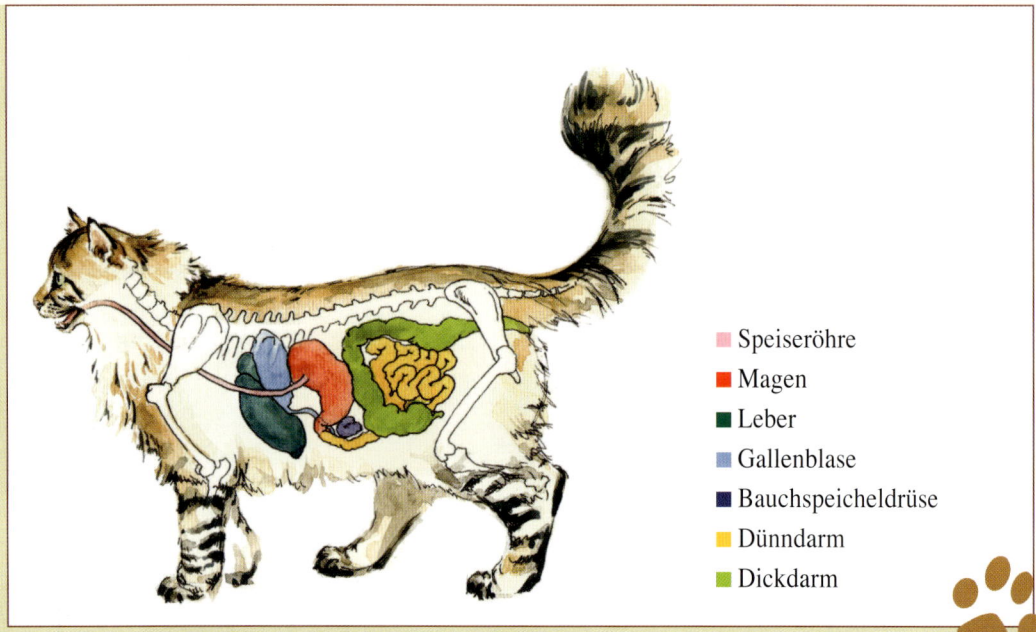

Speiseröhre
Magen
Leber
Gallenblase
Bauchspeicheldrüse
Dünndarm
Dickdarm

Der Verdauungsapparat der Katze im schematischen Überblick. (Zeichnung: Maria Mähler)

Bau oder Ersatz körpereigener Zellen und Gewebestrukturen sowie zur Bereitstellung von Energie genutzt werden kann. Hierfür wird die Nahrung in den verschiedenen Abschnitten zum einen mechanisch, zum anderen chemisch in ihre Bestandteile zerlegt. Mehrere Organe (Magen, Darm, Leber, Bauchspeicheldrüse) und Drüsen (Anhangsdrüsen und Kopfdrüsen) sind daran beteiligt, aus der aufgenommenen Speise das Beste zu machen.

Mundhöhle und Rachen

Der Verdauungstrakt beginnt hinter den Lippen mit der Maulhöhle inklusive Zähnen und Zunge. Das Raubtiergebiss einer gesunden und erwachsenen Katze besteht meist aus 30 bleibenden Zähnen, wobei im Oberkiefer und Unterkiefer je

sechs Schneidezähne und zwei Eckzähne (Fangzähne) zu finden sind. Hinzu kommen sechs Vorbackenzähne (Reißzähne) im Oberkiefer und vier Vorbackenzähne im Unterkiefer sowie jeweils zwei Backenzähne.

Der Aufbau des Gebisses zeigt: Die Katze ist auf das Zerteilen und Fressen von Fleisch beziehungsweise Beutetieren spezialisiert. Die Fangzähne dienen, wie der Name sagt, dem Fangen, aber auch dem Halten und Töten der Beutetiere. Fangzähne sind deutlich vergrößert und werden zumeist in den Nacken oder die Kehle der Beute geschlagen, wobei Halsschlagader oder Rückenmark durchtrennt werden. Einige exotische Katzenarten nutzen die Fangzähne auch zum „Aufbrechen" gepanzerter Beutetiere.

Mithilfe der Schneidezähne wird das Fleisch regelrecht von den Knochen der Beute geschnitten, und mit den sogenannten Reißzäh-

nen, die wie eine Schere zusammenarbeiten, wird die Beute in mundgerechte Stücke zerteilt. So kann sie anschließend von den Backenzähnen zerkaut und mithilfe der Zunge hinuntergeschluckt werden.

Die Zunge ist ein muskulöses Organ und dient dazu, den Geschmack der Nahrung zu prüfen, Wasser aufzunehmen und natürlich zur Lautäußerung und zur Pflege des Katzenfells.

Die Nahrung wird durch das Kauen zerkleinert, aber auch eingespeichelt und dadurch aufgeweicht, damit sie für den Weitertransport durch die Speiseröhre gleitfähig ist. Außerdem enthält der Speichel bereits wichtige Enzyme, die zum Verdauungsprozess der aufgenommenen Nahrung beitragen beziehungsweise diesen einleiten.

Durch mechanische Reizung der Rachenschleimhaut wird der Schluckreflex ausgelöst und die Nahrung portionsweise in den Magen transportiert.

Speiseröhre und Magen

Die Speiseröhre ist die Verbindung zwischen Rachenraum und Magen und verläuft neben der Luftröhre im Brustraum und durch das Zwerchfell bis zum Eingang des Magens. Sie hat natürliche Engstellen, wo verschluckte Fremdkörper oder zu große Nahrungsbissen stecken bleiben können, zum Beispiel beim Übergang vom Rachen in die Speiseröhre oder im Bereich des Zwerchfells. Die Speiseröhrenschleimhaut ist

Das Gebiss der Katze ist ein hoch spezialisiertes Raubtiergebiss.

Auch eine ausreichende Flüssigkeitszufuhr ist wichtig für eine geregelte Verdauung.

eine glatte Fläche mit Schleimdrüsen, auf der der Nahrungsbrei in der Regel gut gleitet. Ein rhythmisches Zusammenziehen der Längsmuskulatur der Speiseröhre (Peristaltik) sorgt für den Weitertransport der Nahrung in Richtung Magen.

Der Magen ist wie ein Sack aufgebaut. Er besteht aus Mageneingang, Magenkörper, Magenblase und Magenausgang. Form und Lage des Magens hängen von Füllungszustand, Festigkeit der Aufhängung, Zwerchfellzustand, Körperhaltung und Bewegung ab. Er ist von Bauchfell überzogen und liegt im Oberbauch, überwiegend auf der linken Körperseite zwischen Leber und Milz.

Kopfwärts befindet sich das Zwerchfell, schwanzwärts befindet sich der Darm.

Im Magen findet die Durchmischung und Vorbereitung des Speisebreis auf die Darmverdauung statt. Die intensive Magenperistaltik, also seine Wellenbewegungen, bewirken die Durchmischung. Bei leerem Magen hört man sie als sogenanntes „Magenknurren".

Die in drei verschiedenen Abschnitten des Magens befindlichen Magendrüsen geben ihre Sekrete zum Nahrungsbrei dazu. Das für die Verdauung wichtigste Sekret aus Salzsäure und Enzymen sorgt für ein sehr saures Milieu (pH-Wert circa bei 1). Dadurch werden die

meisten Bakterien und andere Krankheitserreger hier abgetötet und es kommt zu keiner Infektion. Außerdem werden Eiweiße chemisch gespalten. Damit die Magenschleimhaut sich nicht selbst verdaut, geben andere Drüsen ein alkalisches und damit schützendes Sekret ab.

Dieser Verdauungsvorgang im Magen dauert einige Stunden. Dann wird der Speisebrei portionsweise durch den Magenausgang in den Dünndarm abgegeben.

Dünndarm

Der gesamte Darm der Katze ist ungefähr ein bis zwei Meter lang (zwei- bis dreifache Körperlänge) – im Verhältnis zu Pflanzenfressern und zu uns Menschen als Allesfressern ist dies sehr kurz. Unser Darm ist etwa sechsmal so lang wie unser Körper, bei Kühen erreicht er das rund 20-Fache der Körperlänge. Je länger der Darm des Tiers, desto besser kann es kohlenhydratreiche Nahrung verdauen. Die Katze als Fleischfresser benötigt also infolgedessen kohlenhydratarmes Futter.

Anatomisch gliedert sich der Dünndarm in drei Bereiche: den Zwölffingerdarm, den Leerdarm und den Krummdarm (Hüftdarm). Die Aufgaben des Dünndarms bestehen in der chemischen Verdauung und der Aufnahme von Nährstoffen. Damit kommt ihm eine große Bedeutung im Verdauungssystem zu.

Vom Magen aus gelangt der angesäuerte Nahrungsbrei portionsweise zunächst in den Zwölffingerdarm. Dort wird er mit Verdauungssäften aus Bauchspeicheldrüse, Leber und Galle vermischt. Das Sekret der Bauchspeicheldrüse, der sogenannte Pankreassaft, wirkt durch den hohen Gehalt an Bikarbonat stark säurebindend und neutralisiert somit den sauren Magenbrei.

Im weiteren Verlauf werden die Nährstoffe endgültig in ihre Bausteine zerlegt, die dann durch die Wand des Dünndarms ins Blut aufgenommen und so in alle Teile des Körpers transportiert werden können.

Die Innenwand des Dünndarms besteht aus zahlreichen Falten, den sogenannten Darmzotten. Sie sind fingerförmige Ausstülpungen, die an ihrer Oberfläche einen feinen Bürstensaum besitzen. Auf diese Weise wird die Aufnahmeoberfläche des Dünndarms enorm vergrößert, sodass die Nährstoffe effektiv resorbiert werden können.

Dickdarm und Rektum

Unverdauliche Nahrungsreste gelangen nach einigen Stunden der Dünndarmpassage wiederum mithilfe peristaltischer Bewegungen in den Dickdarm. Er ist etwas breiter als der Dünndarm und weist keine Darmzotten auf. Dafür ist er mit Bakterien besiedelt, die dazu dienen, unverdauliche Nahrungsreste wie Zellulose weiter abzubauen. Sie spalten außerdem restliche Eiweißkörper und Kohlenhydrate durch Fäulnis und Gärung. Hier findet die Vitaminsynthese statt, das heißt, dass hier die verschiedenen Vitamine herausgefiltert und über die Darmschleimhaut aufgenommen werden. Außerdem besteht die Aufgabe des Dickdarms darin, Wasser und Elektrolyte aufzunehmen und den Darminhalt zur Kotbildung einzudicken. Der Dickdarm sondert reichlich Schleim ab, um den Kot gut gleitfähig zu machen. Durch Einschnürungen im Endteil des Darms, dem Rektum, wird der Kot geformt, bevor er durch den After ausgeschieden wird.

GAR NICHT SCHWER: DER EINSTIEG IN DIE B.A.R.F.-PRAXIS

Nachdem wir gesehen haben, was sich während der Verdauung im Körper der Katze abspielt, kommen wir nun zum Fütterungsprinzip des Barfens. Was steckt dahinter und was ist das Ziel dieser Art der Fütterung?

Der Beutetierbaukasten

Das grundlegende Ziel hinter der Idee des Barfens besteht darin, die natürliche Ernährung der Wildkatze so gut wie möglich nachzubauen. Es geht also um die Nachahmung von Beutetieren, deren Zusammensetzung sich grob unterteilen lässt in:

* Fleisch und Innereien
* Knochen und Knorpel
* Blut
* Haut
* Fell und Federn

In diesen Bestandteilen eines Beutetiers ist alles enthalten, was die Wildkatze und die Hauskatze für ein gesundes Leben benötigen.

Fleisch und Innereien enthalten Proteine (Eiweiße), Fette und Wasser, aber auch Vitamine, Mineralstoffe und Spurenelemente. Sie sind der größte Posten in der Tagesration der Katze. Aus ihnen deckt sie ihren Energiebedarf, baut ihre eigenen Körpersubstanzen auf und steuert wichtige Lebensfunktionen.

Knochen und Knorpel sind hauptsächlich Lieferanten von Kalzium. Sie enthalten aber auch weitere Mengen- und Spurenelemente, welche die Katze dringend benötigt. Soll oder will die Katze knochenlos ernährt werden, müssen diese Bestandteile der täglichen Futterportion auf anderem Wege hinzugefügt werden. Hier stehen uns die verschiedensten Möglichkeiten offen, beispielsweise Knochenmehl, rohe Eierschalen (ohne Stempel), Kalziumzitrat oder Mineralstoff- und Multivitaminpräparate, die im Fachhandel erhältlich sind.

Blut enthält neben Wasser vor allem Mineralsalze, aber auch weitere Mengen- und Spurenelemente. Da handelsübliches Fleisch in der Regel ausgeblutet ist, müssen wir diese Inhaltsstoffe der Tagesration später auf anderem Weg zuführen, beispielsweise durch den Zusatz von Wasser, Meersalz sowie Mineralstoffpräparaten und Multivitaminpräparaten.

Die *Haut* ist Lieferant von Fetten und somit lebenswichtiger Energie. Sie versorgt den Körper unserer Katze mit essenziellen Fettsäuren und fettlöslichen Vitaminen. Neben der Fütterung von Haut können wir diesen Bedarf aber auch anders decken, nämlich über das Verfüttern von Fisch. Aber auch eine Ergänzung des Futters mit verschiedenen Schmalzen und Ölen ist möglich.

Fell und Federn bringen in erster Linie Ballaststoffe in die Tagesration. Ähnlich verhält es sich mit dem Mageninhalt der Beutetiere. Wir gewährleisten die Versorgung mit den notwendigen Ballaststoffen über die Zufütterung eines geringen Anteils an aufgeschlossenem (püriertem) Gemüse und/oder eingeweichtem Getreide.

Nun wissen wir, worauf es bei dem „Nachbau" des Beutetiers für unsere Samtpfoten ankommt und woraus dieses grob besteht. Sorgen vor der praktischen Umsetzung sind unbegründet – es geht leichter, als man denkt!

Berechnung der Futtermenge

Jede Katze hat einen individuellen Energiebedarf, den sie für die Erhaltung ihrer Lebensvorgänge braucht. Wachstumsphasen und das Maß körperlicher Aktivität beeinflussen die erforderliche Energiemenge und fließen in die Ermittlung der passenden Futtermenge ein. Katzensenioren benötigen zum Beispiel weniger Energie als Katzenwelpen oder junge, ausgewachsene Katzen.

Die Formel, um die „Norm"-Tagesfuttermenge einer erwachsenen Katze zu berechnen, ist ganz einfach:

Kinderleicht zu berechnen: die ideale Futtermenge für die Katze.

Gewicht (in Gramm) geteilt durch 100, multipliziert mit 3 = Tagesfuttermenge (Gramm)

Diese Formel ist – den Möglichkeiten des Katzenhalters entsprechend – bewusst einfach gehalten, und natürlich kommt es nicht nur auf die Menge, sondern vor allem auf die Verteilung der einzelnen Nahrungsbestandteile an, wie wir noch sehen werden. Eine von Futterexperten angewandte Berechnungsmethode, die den Energiebedarf der Katze zugrunde legt und entsprechend mit Kilokalorien und Kilojoule arbeitet, ist für Futterzubereitung nach dem Prinzip des Barfens nicht notwendig.

Das heißt: Die Katze benötigt circa drei Prozent ihres idealen Körpergewichts (das rasse- und geschlechtsspezifisch stark variieren kann) als tägliche Futtermenge.

Diese Menge wird nun auf die einzelnen Futterkomponenten aufgeteilt, um die optimale Zusammenstellung zu finden:

Das ideale Beutetier besteht ungefähr aus:

❧ 85 Prozent Fleisch

Dazu zählen Muskelfleisch, Bindegewebe, Organe, aber auch Knochen, die von der Katze eher selten komplett mit aufgefressen werden.

❧ 10 Prozent pflanzlicher Kost

Diese wurde vom Beutetier aufgenommen und in dessen Magen-Darm-Trakt bereits anverdaut.

❧ 5 Prozent Getreide

Dieser Anteil wurde vom Beutetier und im Magen-Darm-Trakt bereits aufgeschlossen und soll bei dem Barfen Ihrer Katze auch das Raufutter (zum Beispiel das Fell oder das Federkleid der Beute) imitieren.

Zur Berechnung der täglichen Futtermenge Ihrer Katze benötigen Sie zunächst einmal deren Idealgewicht. Am besten informieren Sie sich bei Ihrem Tierarzt oder Tierheilpraktiker, wie viel Ihr Tier im Idealfall wiegen sollte. Auch Nachschlagewerke oder das Internet geben Ihnen einen ersten Richtwert. Ein weiterer Tipp: Sollten Sie noch wissen, was Ihre Katze gewogen hat, als sie ein Jahr alt war, kennen Sie auch das Idealgewicht Ihres Tiers. Bedingt durch die Wachstumsphase konnte Ihr Stubentiger bis dahin noch kein Fett ansetzen.

Für ein erstes Berechnungsbeispiel nehmen wir eine Katze mit einem optimalen Gewicht von fünf Kilogramm. Dies entspricht dem Idealgewicht eines durchschnittlichen Katers der Rasse „Europäisch Kurzhaar" und ist ein guter Ausgangswert, mit dem sich leicht rechnen lässt.

Wie gesagt: Drei Prozent des Körpergewichts sind die richtige tägliche Fütterungsmenge:

5000 Gramm: 100 x 3 = 150 Gramm

Diese errechneten 150 Gramm entsprechen ungefähr sechs bis acht Mäusen. Eine erwachsene Katze fängt an einem guten Tag zwar bis zu zwanzig Mäuse, aber nur acht bis zwölf davon werden tatsächlich über den Tag verteilt verspeist.

Diese errechneten 150 Gramm bilden einen guten Anfangswert, mit dem man experimentieren kann, bis man die ideale Tagesportion für seine Samtpfote gefunden hat. Denn aller Rechnerei zum

Katzen fangen bis zu zwanzig Mäuse am Tag, fressen aber nur acht bis zwölf davon.

Trotz: Wichtig ist, dass man aufmerksam beobachtet, ob die Menge ausreicht oder für die individuelle Katze vielleicht zu wenig oder zu viel ist.

Bei uns Menschen ist es ja sehr ähnlich: Als Faustregel gilt für einen gesunden Erwachsenen eine tägliche Energiezufuhr von 2000 Kilokalorien als richtig. Aber tatsächlich variiert der Bedarf je nach Aktivität, Beruf und Geschlecht, sodass man auch hier die Zahl nur als Richtwert verstehen und gegebenenfalls individuell anpassen sollte.

Je nach Haltung (in der Wohnung oder auch draußen), Alter und Temperament der Katze variiert auch die tägliche Futtermenge unter Umständen stark. Zum Beispiel brauchen Welpen, trächtige oder säugende Katzen und/oder auch Freigänger viel mehr Nahrung als beispielsweise reine Wohnungskatzen oder Senioren. Bei Freigängern wäre noch zu beachten,

ob sich das Tier draußen ein bisschen selbst versorgt und eventuell jagt und ob sie das Gejagte auch frisst. Dies sollte unbedingt bei der Fütterung berücksichtigt werden (mehr hierzu ab Seite 61).

Im Idealfall frisst eine Katze nur so viel am Tag, wie sie tatsächlich braucht. Doch es gibt auch Kandidaten, die alles wegfuttern, was man ihnen hinstellt. Seien Sie also vorsichtig, wenn Ihre Katze zur Fettleibigkeit neigt.

Bei der Variation der Futtermenge sollte man in „Mäuseschritten" vorgehen. Das bedeutet: Wenn man davon ausgeht, dass eine Maus ein Gewicht von etwa 20 bis 25 Gramm hat, sollte man diese Grammzahl der täglichen Futtermenge hinzufügen oder sie von der Ration abziehen.

Es ist nicht schlimm, wenn eine Katze mal etwas mehr Futter bekommt, als sie braucht. Schließlich sind Mäuse nicht immer gleich groß oder es wird auch mal ein Kaninchen oder nur

ein kleiner Vogel gefangen. So kann man also die Futtermenge von Tag zu Tag gern absichtlich etwas schwanken lassen.

Man braucht kein schlechtes Gewissen zu haben, wenn man sein Tier einen Tag lang einmal hungern lässt. Wildkatzen haben schließlich auch nicht jeden Tag das Glück, etwas zu fangen. Und in zoologischen Gärten ist es üblich, dass die Wildkatzen und Großkatzen einmal pro Woche nichts zu fressen bekommen.

Allerdings sollten Sie Ihre Katze nicht öfter als einmal wöchentlich hungern lassen, es sei denn, dies ist aus medizinischen Gründen erforderlich. Das könnte zum Beispiel der Fall sein, wenn Ihr Tier plötzlich Durchfall bekommt. Was hier zu tun ist, führe ich später beim Thema Futtermittelallergie und Futtermittelunverträglichkeit (Seite 67) näher aus. Bei übergewichtigen Katzen sind Hungerkuren nicht das richtige Mittel, um eine Gewichtsreduktion zu erreichen – im Gegenteil, hier kann das Hungern sogar lebensgefährlich werden, wenn das plötzliche Freisetzen von Fettreserven zu einer akuten Leberverfettung führt. Aus persönlicher Erfahrung weiß ich, dass die Pfunde mit der Fütterungsmethode B.A.R.F. ohnehin nach und nach automatisch purzeln, sofern das Übergewicht kein Symptom einer Krankheit ist.

Aber zurück zu unserer ursprünglichen Berechnung: Nach dem Schema des „idealen Beutetiers" ergibt sich gemäß der prozentualen Verteilung eine Zusammenstellung des Futters wie folgt:

85 Prozent Fleisch von 150 Gramm
= 128 Gramm Fleisch
10 Prozent pflanzliche Kost von 150 Gramm
 = 15 Gramm pflanzliche Kost
5 Prozent Getreide von 150 Gramm
= 7 Gramm Getreide

Säugende Katzen, …

… Freigänger …

… und Katzenwelpen brauchen mehr Energie und damit mehr Nahrung als eine im Haus lebende Katze.

Der Fleischanteil sollte noch gegliedert werden in:
– ²/₃ Muskelfleisch
(von 128 Gramm ergibt dies ungefähr 85 Gramm)
– ¹/₃ Innereien
(von 128 Gramm ergibt dies ungefähr 43 Gramm)

Auch hier sei noch einmal der Hinweis erlaubt, dass eine Maus nicht immer exakt in dieser Zusammensetzung aus den oben stehenden Komponenten besteht. Deshalb müssen Sie nicht auf das Gramm genau Ihrem Tier Muskelfleisch oder Innereien anbieten.

Gestaltung und Zubereitung der Rationen

Für die Zubereitung einer B.A.R.F.-Mahlzeit braucht man keine exotischen Küchenutensilien.

Eine erwachsene Katze erhält idealerweise zwei Mahlzeiten pro Tag. Zimmerwarmes Futter hat die ideale Temperatur – sowohl zu kalte als auch zu warme Kost kann die Verträglichkeit herabsetzen. Da die meisten Tiere ein leichtes Frühstück bevorzugen, bietet sich hier Vollkorngetreide (zum Beispiel in Wasser, Gemüsebrühe, Fleischbrühe oder Milch eingeweicht) an. Dies ist unser Getreideanteil. Die Mittags- und Abendkost sollte demnach aus Fleisch, gemischt mit pflanzlicher Kost, bestehen.

Auch hier kann man variieren. Meine Katze zum Beispiel mag morgens kein Getreide und fängt am liebsten direkt mit dem Fleischgemisch an. Allerdings bekommt sie dann immer etwas Getreide unter die Futterportion gemischt, und natürlich gebe ich ihr nur die Hälfte der Tagesration, ansonsten jammert sie mir nämlich abends die Ohren voll. Wenn Sie Ihre Katze genau beobachten und ihre Wünsche respektieren, ist das Barfen alles andere als kompliziert.

Welche Sorten Fleisch Sie Ihrer Katze anbieten, hängt von Ihrer Beschaffungsmöglichkeit und den Vorlieben Ihrer Katze ab. Geeignet sind jegliche Fleischsorten wie Rind, Wild, Lamm, Kaninchen, alle Geflügelsorten oder auch Pferd. Nur Schweinefleisch, sowohl vom Hausschwein als auch vom Wildschwein, sollten Sie nicht füttern, da die Gefahr einer Infektion mit dem Aujeszky-Virus besteht, das die meist tödlich verlaufende Pseudowut auslöst.

Wenn Ihre Katze es mag, bieten Sie ihr außerdem leckeren und gesunden Fisch an. Auch hier können Sie eigentlich alle Sorten wie beispielsweise Thun-

Was gibt es denn da Leckeres?

36

fisch, Forelle, Lachs, Zander und Kabeljau verfüttern – je nach Vorliebe Ihrer Katze. Öfter als ein- bis zweimal pro Woche sollte Fisch allerdings nicht auf dem Speiseplan Ihrer Katze stehen, da es sonst zu einer Thiaminasen-Mangelerscheinung kommen kann. Thiaminase ist ein Vitamin-B1-spaltendes Enzym. Ein Mangel an Vitamin B1 kann die Energieversorgung des Gehirns und so auch der Nerven erheblich beeinträchtigen.

Barfen oder auch naturnahe Ernährung bedeutet, bei der Gestaltung der Futterration das natürliche Beutetier so gut wie möglich nachzuahmen. Verwenden Sie bitte deshalb für eine Mahlzeit jeweils Innereien und Fleisch derselben Tierart (ein Huhn hat ja auch nicht die Innereien einer Kuh). Außerdem sollte täglich ein bisschen Herz beigefügt werden, da hier das für Katzen so wichtige Taurin enthalten ist. Sollte Ihre Katze kein Herz mögen, gibt es im Fachhandel Ersatz in Form von Taurinpulver, das Sie unter das Futter mischen können. Taurin kann bei Katzen nicht überdosiert werden, da sie eventuelle überschüssige Mengen ausscheiden.

Achten Sie darauf, dass Ihr Tier wirklich jeden Tag eine Portion Taurin erhält, entweder in Form von Herzfleisch oder zugesetzt durch ein Pulver. Taurin kann von Katzen nicht eigenständig gebildet werden, und ein Taurinmangel kann schwerwiegende Folgen haben wie Blindheit, zentralnervöse Störungen oder Immunschwäche.

Auch die tägliche Zufuhr von genügend Kalzium ist von zentraler Bedeutung. Kalziumreich sind Knochen, die Sie Ihrer Katze einfach im Ganzen ins Futter geben oder in Scheiben schneiden – vorausgesetzt, Ihr Stubentiger ist nicht zu kaufaul. Die meisten Katzen sind mit Knochenmehl, das Sie im Fachhandel bekommen und das unter die Mahlzeit gemischt werden kann, besser bedient.

Rechts industriell hergestelltes Fertigfutter der Sorte Huhn, links eine B.A.R.F.-Mahlzeit mit Hühnerfleisch. Was würden Sie Ihrer Katze geben?

Die Fleisch- oder Fischrationen kann man gut vorbereiten und portionsweise einfrieren. Allerdings sollten Sie nach Möglichkeit darauf achten, mindestens viermal pro Woche keine Tiefkühlkost zu füttern. Wenn man Fleisch tiefkühlt, verändert man den Aggregatzustand, und es besteht die Gefahr, dass verschiedene Vitamine zerstört werden. Je schneller das Einfrieren geschieht, umso eher wird verhindert, dass die Zellstrukturen des Fleisches verändert werden.

Bitte tauen Sie die Tiefkühlportionen außerdem niemals in der Mikrowelle auf, da dabei viele Nährstoffe zerstört werden. Außerdem werden tiefgekühlte Knochen in der Mikrowelle durch die Wärme gegart oder wenigstens angegart. Dies führt dazu, dass den Knochen Wasser entzogen wird und sie splittern können. Knochensplitter in der Speiseröhre von Katzen sind lebensgefährlich – die Tiere können ersticken oder schwere innere Verletzungen erleiden.

Tiefgekühlte Kost bitte immer so langsam wie möglich auftauen, damit weniger Fleischsaft und somit sehr wertvolle Inhaltsstoffe verloren gehen. Das Auftauen im Kühlschrank bewirkt zudem, dass die Vermehrung von Keimen so gering wie möglich gehalten wird. Am besten holen Sie die Portion für Ihre Katze einen Abend vorher aus der Tiefkühltruhe und stellen sie über Nacht in den Kühlschrank. So können Sie sichergehen, dass das Fleisch oder der Fisch morgens zur Fütterung fertig aufgetaut ist.

Vakuumverpacktes Fleisch sollte zum Auftauen aus der Verpackung genommen und in einem geschlossenen und abgedeckten Gefäß im Kühlschrank aufgetaut werden. Dadurch wird eine Vermehrung von Botulinumbakterien vermieden. Diese Bakterien gedeihen unter Luftabschluss und setzen dabei ein starkes Toxin frei, das zu schweren Vergiftungen führt.

Den Anteil der pflanzlichen Kost sollten Sie immer frisch zubereiten und dem Fleisch oder dem Fisch direkt vor dem Füttern zufügen. Die für Katzen geeignete pflanzliche Kost ist in der Regel Salat. Diesen sollten Sie vor dem Mischen mit dem Fleisch kurz pürieren (so ahmt man das Vorverdauen im Magen des Beutetiers nach). Auch hier kann Abwechslung den Speiseplan bereichern, zum Beispiel mit verschiedenen Salatsorten oder auch Obst und Gemüse. Eine geraspelte Möhre wird immer gern angenommen. Denken Sie daran, die pflanzliche Kost immer kurz zu pürieren oder zu raspeln und damit sozusagen „aufzuschlüsseln". Dann kann die Katze diesen Nahrungsbestandteil besser fressen, verdauen und damit auch verwerten.

Bei der pflanzlichen Kost gibt es einige wichtige Ausnahmen: So dürfen Katzen keine Kohlsorten und keine Nachtschattengewächse (zum Beispiel Kartoffeln, Paprika, Tomaten) bekommen. Kohl verursacht schmerzhafte Blähungen und ist schwer verdaulich, die Nachtschattengewächse sind im rohen Zustand sogar regelrecht giftig für

Katzen. Auf diese Gemüse sollte deshalb beim Barfen am besten ganz verzichtet werden. Einzig gekochte Kartoffeln können gelegentlich und in Maßen gern unter das Futter gemischt werden. Auch gekochte Nudeln oder etwas Reis werden von vielen Katzen gern angenommen.

Trockenfleisch eignet sich hervorragend als Leckerei für zwischendurch oder als Belohnung.

Als gesunde Leckerchen für zwischendurch oder als Belohnung eignen sich hervorragend getrocknetes Fleisch oder Käsewürfelchen. Diese werden von den meisten Samtpfoten sehr gern angenommen. Gelegentlich darf es zu besonderen Anlässen auch mal etwas „Ungesundes" und schlicht „Leckeres" sein, wie Trockenfutter oder die handelsüblichen Leckereien. Schließlich essen wir auch ab und zu Schokolade …

Auch Leckerchen aus dem Handel können ab und zu gegeben werden. Schließlich ist Barfen keine Diät, und manchmal sollte man seinem Stubentiger auch mal etwas „Ungesundes", aber Leckeres gönnen.

Wer hat von meinem Tellerchen gegessen?

Futternäpfe und auch die Behälter oder Teller, auf denen Sie Fleisch auftauen oder aufbewahren, sollten nicht aus Metall bestehen. Rohes Fleisch und Metall vertragen sich nicht ganz so gut, weil je nach Qualität des Behälters schon mal der Geschmack auf die Nahrung übergehen kann. Es gibt viele Katzen, die dann ihre Nahrung verweigern, nur weil sie eben nach „Dose" schmeckt, obwohl es ansonsten ihre Leibspeise ist. Auch sollten Sie auf Plastiknäpfe verzichten, da diese leicht zerkratzen. In den Rillen können sich dann Keime festsetzen. Am besten geeignet sind Keramiknäpfe. Sie sind etwas schwerer als Kunststoff und können von der Katze nicht einfach hin und her geschoben werden. Keramik reagiert nicht mit der rohen Nahrung Ihres Stubentigers.

Selbstverständlich werden die Näpfe nach jeder Mahlzeit gründlich gesäubert. Falls Sie mehrere Katzen besitzen, sollte jeder Ihrer Stubentiger sein eigenes Schälchen haben.

ES WIRD KONKRET –
WAS KOMMT
IN DEN NAPF?

Nachdem Sie erfahren haben, wie die tägliche Portion Ihrer Samtpfote gemäß dem Prinzip des Barfens errechnet wird, möchte ich Sie nun mit den verschiedenen Komponenten vertraut machen, die Sie hierfür bedenkenlos nutzen können.

Die Zutaten im Überblick

Abwechslung ist mit B.A.R.F. keine Kunst mehr. Wo uns die Fertigfuttermittel doch teilweise sehr im Stich lassen, setzen hier eher Geschmack und Akzeptanz Ihrer Katze als Ihre eigene Kreativität die Grenzen. Folgende Liste dient als Anregung für Sie, um den Speiseplan für Ihre Katze vielfältig zu gestalten.

Rind und Kalb

- Muskelfleisch
- Herz
- Schlund
- Kopffleisch
- Pansen
- Blättermagen
- Leber
- Lunge
- Blut

Schaf und Lamm

- Muskelfleisch
- Herz
- Schlund
- Kopffleisch
- Pansen
- Blättermagen
- Leber
- Lunge
- Blut

Wild und Pferd

- Muskelfleisch
- Herz
- Schlund
- Kopffleisch
- Magen
- Leber
- Lunge
- Blut

Bitte achten Sie stets auf Qualität und Frische des angebotenen Fleisches. Kaufen Sie nur in Notfällen abgepacktes Fleisch und vertrauen Sie lieber dem Metzger von nebenan – so gehen Sie einem eventuell bestehenden Keimrisiko bestmöglich aus dem Weg. Fragen Sie, was im Angebot ist, und wählen Sie mit Bedacht.

Frisches Blut erhalten Sie auf Nachfrage auch vom Metzger Ihres Vertrauens. Pro Tagesportion und Geschmack Ihrer Katze können Sie ungefähr einen Teelöffel unter das Futter mischen.

Leber sollte Ihre Katze nicht öfter als einmal wöchentlich zu fressen bekommen, da es sonst zu einer Überversorgung mit Vitamin A kommen kann.

Geflügel
(Gans, Ente, Huhn, Pute, Strauß …)

- Ganzes Tier
- Karkasse
- Ganzes Küken
- Muskelfleisch
- Hals
- Flügel
- Ständer
- Herz
- Leber
- Magen
- Blut
- Ganzes Ei
- Eierschale (ungekocht, ohne Stempel)

Frisches Rindfleisch ist sehr gut geeignet für den Speiseplan Ihres Stubentigers.

Bei der Rohfütterung von Geflügel sind Frische und Qualität des Fleisches sowie Hygiene bei der Zubereitung besonders wichtig, da das Fleisch sehr schnell Keime aus der Umgebung annimmt. Sie können zwar meist, aber eben doch nicht immer von der Magensäure der Katze unschädlich gemacht werden. Bei absolut frischem Fleisch vom Fachbetrieb aus Ihrer Nähe können Sie sehr sicher sein, qualitativ einwandfreie Ware zu bekommen.

Wie beim Fleisch sollten Sie natürlich auch beim Fisch auf die Frische und die Herkunft achten. Bevorzugen Sie frischen Fisch aus dem Fachgeschäft oder vom Wochenmarkt und greifen Sie nur im Ausnahmefall zum Tiefkühlprodukt.

Grundsätzlich sollten Sie Ihrer Katze maximal ein- bis zweimal pro Woche Fisch gönnen, damit es nicht zu einem Vitamin-B1-Mangel kommt. Dieses Vitamin ist sehr wichtig für das Gehirn und die Nerven unserer Stubentiger.

Fisch und Meerestiere
(Thunfisch, Lachs, Zander, Forelle, Steinbeißer, Shrimps, Garnelen …)

- Ganzer Fisch
- Fischfilet
- Kopf
- Schwanz

Exoten (Rentier, Känguru, Antilope …)

- Muskelfleisch
- Herz
- Schlund
- Kopffleisch
- Magen
- Leber
- Lunge
- Blut

Aus Gründen der Vollständigkeit habe ich hier auch exotische Tiere als Fleischlieferanten aufgeführt. Selbstverständlich müssen Sie Ihrer Katze dieses Fleisch nicht füttern. Aber vielleicht schneiden Sie einfach ein Stückchen rohes Fleisch für Ihre Katze ab, wenn Sie zum Beispiel selbst einen Rentierbraten zubereiten möchten.

Obst und Nüsse

- 🐾 Apfel
- 🐾 Banane
- 🐾 Birne
- 🐾 Pflaume
- 🐾 Erdbeere
- 🐾 Kirsche (entsteint)
- 🐾 Mandel
- 🐾 Haselnuss
- 🐾 Walnuss
- 🐾 Erdnuss
- 🐾 Leinsamen
- 🐾 Sesam

Heimische Früchte und Nüsse stehen auf dem Speiseplan von Mäusen und Vögeln und können deshalb gern gelegentlich in kleinen Mengen im Futternapf unserer Katzen landen – am besten gehackt oder püriert, um den Vorverdauungseffekt des Beutetiers nachzuahmen. Nur so kann der Organismus unserer Stubentiger diese Futterkomponenten verwerten.

Bleiben Sie bei heimischem Obst und füttern Sie beispielsweise auch keine Weintrauben und Rosinen, da deren Fruchtsäure Allergien auslösen kann. Sind bei Ihrer Katze Allergien bekannt, sollten Sie Obst und Nüsse lieber generell meiden.

Leinsamen wird gern als natürliches Abführmittel bei Verstopfungen eingesetzt. Er ist gehaltvoll an Ballast- und Schleimstoffen und wirkt somit abführend, entzündungshemmend und schmerzlindernd.

Mischen Sie bei Bedarf einfach einen halben Teelöffel kurz angemörserten Leinsamen unter das Futter. Ergänzend sichern Sie mit dünner Fleischbrühe die ausreichende Flüssigkeitszufuhr.

Auch bei Entzündungen der Schleimhäute des Mauls, Rachens und Magens ist Leinsamen sehr gut einsetzbar. Köcheln Sie in diesem Fall einen Esslöffel Leinsamen mit 100 Milliliter Wasser für etwa 15 bis 20 Minuten. Dann den Samen abseihen, sodass nur noch der Schleim übrig bleibt. Ungefähr einen Teelöffel dieses Schleims können Sie lauwarm unter das Futter mischen oder ihn direkt mit einer Spritze (ohne Kanüle) ins Maul spritzen.

Nüsse und Samen sind eine hervorragende Ergänzung im Speiseplan unserer Katze.

Getreide

- Hafer
- Reis, gekocht
- Dinkel
- Weizen
- Roggen
- Gerste
- Urkorn

Diese Getreidearten sollten nur als Flocken, in geschroteter oder eingeweichter Form (zum Beispiel in Buttermilch, Milch, Brühe oder Wasser) verfüttert werden, weil sie sonst nicht verwertet, sondern unverdaut ausgeschieden werden.

Gemüse

- Karotten
- Zucchini
- Spinat
- Salate
  (Blattsalat, Eisbergsalat, Lollo rosso, Lollo bianco, Endivien usw.)
- Keimlinge (zum Beispiel Sojasprossen)
- Weich gekochte Hülsenfrüchte
  (Linsen, Bohnen usw.)
- Weich gekochte Kartoffeln

Keine Nachtschattengewächse wie zum Beispiel Tomaten, Zwiebeln, Knoblauch, Avocado, rohe Kartoffeln und/oder Paprika füttern – sie sind giftig für Katzen! Auch Kohl sollte nicht verfüttert werden, da er schwer verdaulich ist und schmerzhafte Blähungen verursachen kann.

Öle und Fette

- Fischöl
- Lebertran
- Olivenöl
- Leinsamenöl
- Nachtkerzenöl
- Hanföl
- Distelöl
- Butter
- Reines Gänseschmalz
  (ohne Grieben oder ähnliche Zusätze)

Die genannten Öle und Fette erfüllen wichtige Funktionen für den Stoffwechsel unserer Katze, da sie reich an den fettlöslichen Vitaminen A, D, E und K sind.

Öle sollten regelmäßig, aber in geringen Mengen der Futterration beigefügt werden. Ein Teelöffel, der alle zwei Tage über das Futter gegeben wird, genügt. Nur nicht übertreiben – sonst könnten Durchfälle drohen.

Als Alternative zu Öl können Sie auch reines Gänseschmalz ohne jegliche Zusätze, Margarine (Vollfett) oder Butter verwenden, davon allerdings nicht mehr als ein halber Teelöffel alle zwei Tage.

Milchprodukte von Kuh, Schaf und Ziege

- Verschiedene Käsesorten (zum Beispiel Gouda, Mozzarella, Hartkäse)
- Quark
- Joghurt
- Milch

Vorausgesetzt, Ihre Katze verträgt und mag Milchprodukte, können Sie diese gern in geringen Mengen als gesunde Ergänzung unter das Futter mischen. Dies gilt vor allem für Quark und Joghurt, aber auch geriebenen Käse oder kleine Käsewürfelchen mögen viele Katzen gern.

Da den meisten Katzen das Verdauungsenzym Laktase zur Aufspaltung von Milchzucker (Laktose) fehlt, kann es bei der Gabe von reiner Kuhmilch zu Verdauungsproblemen und vor allem bei Katzenwelpen zu stärkerem Durchfall kommen. Beobachten Sie Ihr Tier und passen Sie die Fütterung entsprechend an. Aus persönlicher Erfahrung kann ich sagen, dass meine Katzen bis jetzt Kuhmilch in kleinen Mengen immer sehr gut vertragen haben. Aber eben in kleinen Mengen – also

nicht mehr als einen Teelöffel am Tag. Schafs- und Ziegenmilch sind übrigens laktoseärmer als Kuhmilch und deshalb möglicherweise eine gute Alternative.

Futterzusätze – notwendig und nützlich

Hier sollen nur ein paar der wichtigsten Futterzusätze aufgeführt werden, welche die Nahrung unserer Katze bereichern und auch geschmacklich für Abwechslung sorgen.

Salz

Salz, genauer gesagt Meersalz, sollte mindestens einmal in der Woche Bestandteil der Nahrung Ihrer Katze sein – eine Prise, unter das Futter gemischt, genügt! Es deckt den Bedarf an Mineralien, die in der Natur im Blut des Beutetiers stecken. Grobes Meersalz sollten Sie mörsern.

Wenn Katzen sie problemlos mitfressen, sind gemörserte Eierschalen gute Kalziumlieferanten. Besser eignet sich allerdings oft Knochenmehl, das unters Futter gemischt wird.

Hühnereier

Eier sind in doppelter Hinsicht für unsere Katzen von Bedeutung. Zum einen sind sie eine reichhaltige Vitamin- und Mineralquelle, zum anderen können wir ihre Schale wunderbar als Ergänzungsmittel verwenden, solange das Ei nicht darin gekocht wurde.

Rohe Eierschale ist ein guter Kalziumlieferant und kann gemörsert unter das Futter gemischt werden (bitte das Stück mit dem Herkunftsstempel weglassen). Eierschalen sind besonders für Katzen geeignet, die keine Knochen fressen mögen. Oft ist Knochenmehl aus dem Fachhandel allerdings die noch bessere Alternative.

Ein frisches, roh aufgeschlagenes Hühnerei ist ein gutes Stärkungsmittel nach einer Operation oder zur Rekonvaleszenz unseres Vierbeiners.

Frische Kräuter können eine geschmackliche Aufwertung sein und gleichzeitig beispielsweise den Stoffwechsel oder die Verdauung unterstützen.

Honig

Honig kommt zwar selten in den Beutetieren der Katze vor, ist aber ein gutes Stärkungsmittel nach Operationen und für die verschiedenen Organe wie beispielsweise das Herz. Nehmen Sie unbedingt naturbelassenen Honig, da der industriell aufbereitete Honig durch Verkochungen und Konservierungsstoffe kaum noch Gesundes enthält. Guten Honig bekommt man direkt beim Imker oder zum Beispiel in Naturkostläden.

Honig sollten Sie aufgrund des Zuckergehalts nur höchstens einmal im Monat verfüttern. Hierzu reicht ein halber Teelöffel – vielleicht als Leckerli oder unter das Futter gemischt.

Kräuter

Viele Kräuter sind gesund und können bestimmte Organsysteme in ihren Funktionen unterstützen. In geringer Menge täglich übers Futter gestreut, sind sie kleine Helferlein für eine bessere Verdauung, tragen zur Entschlackung bei oder stärken die Organe unserer geliebten Vierbeiner.

Bevor Sie Kräuter in die Futterration Ihrer Katze einbauen, informieren Sie sich bei einem Experten, beispielsweise bei einem Kräuterkundler (Phytologen) oder bei einem Tierheilpraktiker, der sich auf die Heilpflanzenkunde spezialisiert hat.

Sowohl in frischer als auch in getrockneter Form können Kräuter eine angenehme Abwechslung in das tägliche Futter unserer Samtpfoten bringen – in geschmacklicher ebenso wie in gesundheitlicher Hinsicht.

Allerdings sollten Sie auch hier darauf achten, was Ihrer Katze schmeckt und sie nicht belastet oder schädigt. Eine Prise Rosmarin, Dill, Petersilie oder sogar Basilikum sind kein Problem und werden von manchen Stubentigern gern angenommen.

Viele dieser „Gewürzpflanzen" finden auch Verwendung als sogenannte Heilpflanzen, zum Beispiel der Thymian, den wir in erster Linie als Gewürz kennen. Mit ihm kann man aber auch hervorragend einem Wurmbefall vorbeugen.

Besonders sinnvoll ist es, die Wahl der Kräuter auf die Jahreszeiten abzustimmen. Wie wäre es mit einer Entschlackungskur im Frühjahr, um ein paar Giftstoffe, die sich im Laufe des Winters angesammelt haben, loszuwerden? Ergänzend dazu müsste man die Leber als Entgiftungsorgan stärken, zum Beispiel mit getrockneten Brennnesselblättern in Verbindung mit Ackerschachtelhalm. Zum Herbst oder Winter bietet sich eine Kur zur Ankurbelung des Immunsystems besonders an.

Die folgende kleine Liste der wichtigsten Heilpflanzen mit ihren Wirkungen soll Ihnen Orientierung geben, wenn in akuten Situationen oder als Kur Hilfe aus dem Pflanzenreich gefragt ist. Wer sich näher für dieses Thema interessiert, findet gute Literatur und kann sich bei Experten informieren.

❖ Ackerschachtelhalm (Zinnkraut): Mit seiner vorwiegend harntreibenden Wirkung ist der Ackerschachtelhalm gut für Entschlackungs- und Entgiftungskuren geeignet, am besten in Kombination mit getrockneten Brennnesselblättern. Auch fördert er die Austreibung rheumatischer Schadstoffe, kräftigt Haut und Schleimhäute und stärkt das Immunsystem. Ackerschachtelhalm enthält unter anderem viel Kieselsäure, Kalzium, Kalium und Magnesium. Für eine vier- bis sechswöchige Kur mischen Sie einen gestrichenen Teelöffel der getrockneten und klein gehackten Pflanze

(wird von der Katze besser angenommen als das frische Kraut) unter das Futter.

❖ Basilikum: Die Blätter dieses beliebten Küchengewürzes wirken unter anderem krampflösend, beruhigend, antibakteriell, schmerzstillend und darmreinigend. Deswegen kann man Basilikum hervorragend bei Darminfektionen, allgemeinen Magen-Darm-Erkrankungen und sogar Blasenschwäche einsetzen. Auch fördert das Kraut die Muttermilchbildung. Bieten Sie Ihrer Katze Basilikum gern frisch an – entweder gehackt über das Futter oder als Topfpflanze, an der sich Ihr Stubentiger ähnlich wie beim Katzengras jederzeit bedienen darf.

❖ Brennnessel: Die Pflanze hat sich zusammen mit Ackerschachtelhalm hervorragend für eine Entschlackungskur bewährt. Gleichzeitig stärkt sie die Leber und ist das beste Mittel gegen Erschöpfungszustände und zur Rekonvaleszenz nach Krankheiten oder Operationen. Brennnesselsamen bauen den Organismus wieder auf, stärken ihn und wirken gegen Stress. Mischen Sie einen gestrichenen Teelöffel täglich für ungefähr vier bis sechs Wochen unter das Futter. Sie werden sehen, wie schnell sich Ihre Katze von vorhergehenden Strapazen erholt.

❖ Gänseblümchen: Die wichtigsten Inhaltsstoffe des Gänseblümchens, darunter ätherische Öle, Bitterstoffe und Gerbstoffe, wirken schmerzlindernd, krampfstillend und entzündungshemmend. Das Gänseblümchen regt aber auch den Stoffwechsel an und wirkt harntreibend, somit ausleitend für Ödeme oder Blasensteine. Bei Entzündungen im

Mundbereich und auch bei Rheuma kann verdünnter Gänseblümchentee zu einer deulichen Linderung der Beschwerden führen.

❖ **Lavendel:** Mit seiner antiseptischen und vor allem beruhigenden Wirkung ersetzt Lavendel den bei Katzen eher anregend wirkenden Baldrian. Deswegen kommt er bei Nervosität und Unruhe, Angst oder bei häufigem Aufschrecken aus dem Schlaf sowie unruhigem Schlaf mit Zucken der Gliedmaßen zum Einsatz. Hierzu einen Teelöffel getrocknete Lavendelblüten täglich über einen Zeitraum von ungefähr vier bis sechs Wochen über das Futter streuen oder einen Tee ansetzen und diesen Ihrem Tier zum Trinken anbieten.

❖ **Petersilie:** Durch ihren hohen Vitamin-C-Gehalt, viel Zink und Gerbsäure wirkt die Petersilie bei Erschöpfung und nach Operationen belebend. Sie regt außerdem die Verdauung an und besitzt eine harntreibende und krampflösende Wirkung. Bieten Sie Ihrer Katze frische Petersilie im Topf wie Katzengras an oder mischen Sie die gehackten Blätter unter das Futter. Wichtig: Petersilie sollten Sie Ihrer Katze nicht länger als 14 Tage am Stück geben, da sie ansonsten die Magenschleimhaut reizen kann. Auch für trächtige Katzen ist Petersilie tabu, da sie die Gebärmutter zu Kontraktionen anregen könnte.

❖ **Sonnenhut:** Der Sonnenhut ist eine der wichtigsten Heilpflanzen zur Stärkung des Immunsystems. Er wird bei erhöhter Infektionsneigung und zur Vorbeugung eingesetzt und auch bei entzündlichen Hautkrankheiten und Pilzbefall genutzt. Überdosierungen können zu allergischen Reaktionen führen – deshalb nicht mehr als eine Prise des getrockneten Krauts täglich geben.

❖ **Spitzwegerich:** Die Pflanze ist vielseitig einsetzbar und wirkt unter anderem antibakteriell, blutstillend, entzündungshemmend, schleimlösend und zusammenziehend. Er wird gern bei Erkrankungen der oberen Atemwege wie Husten, Schnupfen und sogar Asthma eingesetzt. Außerdem unterstützt er die Leber in ihrer Arbeit als Entgiftungsorgan des Körpers. Spitzwegerich wird am besten getrocknet unter das Futter gemischt.

❖ **Wegwarte:** Aufgrund des hohen Insulingehalts in der Wurzel wird die Wegwarte gern zur Unterstützung bei Diabetes mellitus eingesetzt. Zudem gilt die Pflanze als Stärkungsmittel der Verdauungsorgane und besonders der Leber. Sie hat eine adstringierende, anregende, abführende und entzündungshemmende Wirkung. Deswegen wird sie bei Katzen gern als Drei-Wochen-Entgiftungskur bei Anämie, Eisenmangel oder Metallvergiftungen gegeben.

❖ **Weißdorn:** Die Inhaltsstoffe des Weißdorns sorgen für eine milde Heilwirkung bei Herzschwäche und sämtlichen anderen Herzerkrankungen. Er wirkt durchblutungsfördernd, aktivierend und ausgleichend auf die Herzmuskeltätigkeit und ist auch bei Stress und Kreislaufstörungen gut einsetzbar. Weißdorn sollte nicht als Tee oder Futterzusatz angeboten werden, sondern wird als Presssaft (in Apotheken oder Naturkostläden erhältlich) unter das Futter gemischt.

EMPFEHLUNGEN FÜR DIE UMSTELLUNG

Katzen können ihren verantwortungsvollen zweibeinigen Mitbewohnern das Leben manchmal sehr schwer machen. Da will man nur das Beste für seine Katze und entschließt sich, ihr Futter auf B.A.R.F. umzustellen, und was macht sie? Schnuppert einmal kurz am Napf voller gesundem, frischem und rohem Futter, um sich dann angewidert umzudrehen und lautstark Protest einzulegen!

Für eine Futterumstellung bei seiner Katze braucht der Katzenhalter unter Umständen eine unglaubliche Geduld, Einfallsreichtum und starke Nerven. Doch mit ein paar Tricks und Tipps wird es bedeutend leichter, die Katze zu überzeugen.

Gewusst wie – vier Tipps, damit es leichter geht

Warum sind viele Katzen eigentlich so mäkelig, was das Futter angeht, und tun sich entsprechend schwer bei einer Ernährungsumstellung? Oft hat dies mehrere Gründe: Zum einen spielt die sogenannte Neophobie eine Rolle, die „Angst vor Neuem". Dies ist bei Katzen ein angeborener Überlebensinstinkt, der die wilden Vorfahren unserer Stubentiger daran hinderte, neue und somit vielleicht giftige Nahrungsquellen zu probieren.

Einen großen Einfluss hat auch die Prägungsphase eines Katzenwelpen. Wenn ein junges Kätzchen in dieser Phase des Lebens nie mit rohem Fleisch in Berührung gekommen ist, kann es unter Umständen sehr schwer werden, sie umzustellen. Viele Katzen sind außerdem recht kaufaul und lieben nicht zuletzt ihr gewohntes Dosenfutter auch deshalb, weil es mit Geschmacksverstärkern und Zucker besonders aromatisch gemacht wurde. Diese Katzen müssen erst einmal wieder lernen, den Geschmack natürlicher Nahrung wahrzunehmen.

Prinzipiell sollte eine Futterumstellung immer langsam und behutsam vollzogen werden. So hat die Katze selbst und ihr Verdauungstrakt Zeit, sich auf das neue Futter einzustellen. Und auch der Katzenbesitzer kann sich schrittweise ans Barfen gewöhnen. So empfehle ich, anfangs nicht zwingend jeden Tag das neue Futter anzubieten, sondern es zum Beispiel erst einmal am Wochenende in Ruhe auszuprobieren und damit Zeit zu haben, sich sozusagen „einzuarbeiten".

Vereinfachen Sie Ihrer Katze die Umstellung, indem Sie anfangs das rohe Fleisch kurz überbrühen.

Hier hat es offensichtlich geschmeckt!

Manche Katzen allerdings wählen einen anderen Weg, stürzen sich auf das frische Futter und möchten nie wieder etwas anderes fressen – so geschehen bei meiner Katze.

Sie hat das Barfen bereits nach der allerersten Mahlzeit zu ihrem Dogma ernannt. Sie „befahl" mir sozusagen seit dem ersten Versuch, sie nur noch frisch und roh zu ernähren, indem sie nichts anderes mehr angerührt hat. Sogar ihre Lieblingsleckerchen hat sie so lange verweigert, bis ich sie nur noch gebarft habe.

Danach waren ihre Leckerchen dann auch wieder interessant.

Anders die Katze einer Bekannten. Dieses Tier hat sich beharrlich geweigert, das rohe Futter anzunehmen. Erst als meine Bekannte anfing, das rohe Futter unter das gewohnte Dosenfutter zu mischen, konnte die Umstellung langsam, aber stetig vonstatten gehen. Jetzt, nach sage und schreibe knapp zwei Jahren inklusive ein paar Rückschlägen, hat sie es endlich geschafft, ihre Katze vollends zu überzeugen und auf B.A.R.F. umzustellen. Katzen eben!

Sie sehen: Auch wenn Sie Rückschläge erleiden werden – seien Sie beharrlich. Irgendwann wird sich Ihre Katze überzeugen lassen. Wie lange das dauert, ist individuell verschieden. Ich habe allerdings noch kein Tier erlebt, das sich nicht hat umstellen lassen. Nur Mut!

Tipp Nummer 1: Von gar zu roh

Überbrühen Sie das rohe Fleisch kurz oder braten Sie es ohne Fett kurz an. Klappt dies gut, verkürzen Sie die Garzeit, sodass das Fleisch nach und nach ein wenig roher in den Futternapf kommt. Diese Methode verfolgen Sie so lange, bis Ihre Katze unbemerkt vom angegarten Fleisch auf rohes Fleisch umgestiegen ist. Sie brauchen Geduld, denn möglicherweise vollzieht sich dieser Prozess über mehrere Wochen.

Tipp Nummer 2: Die Lieblingssorte finden

Versuchen Sie es mit verschiedenen Fleischsorten und Fischsorten. Manche Katzen mögen Hühnchen viel lieber als anderes Fleisch oder haben sich ganz auf Fisch „spezialisiert". Anfangs werden Sie deshalb vermutlich viel ausprobieren müssen – aber wenn Sie die Favoriten Ihrer Katze erst einmal kennen, haben Sie für die Zukunft beste Karten. Um für etwas Abwechslung auf dem Speiseplan einer allzu wählerischen Katze zu sorgen, können Sie ihr gelegentlich unter ihre Lieblingsfleischsorte ein Häppchen einer anderen Sorte mischen und sie so nach und nach auf den Geschmack bringen.

Tipp Nummer 3: Ans Kauen gewöhnen

Katzen, die unter Umständen viele Jahre nur industriell gefertigtes Dosenfutter und kleine Trockenfutterbröckchen

bekommen haben, sind oft sehr kaufaul geworden, da sie sich angewöhnt haben, das Futter einfach so hinunterzuschlucken. Zur Umgewöhnung auf das Barfen schneiden Sie das Fleisch sehr klein oder bieten Sie zuerst nur gewolftes Fleisch an, beispielsweise Tatar. Dann steigern Sie die Größe der Fleischstücke, bis Ihre Katze gezwungen ist zu kauen.

Seniorkatzen bevorzugen allerdings meistens auf Dauer gewolftes Fleisch, weil sie teilweise nicht mehr so gesunde Zähne haben oder einzelne Zähne bereits fehlen. Dies gehört zum ganz normalen Alterungsprozess und sollte uns nicht daran hindern, unser Tier gesund zu ernähren. Viele Metzger bereiten Ihnen gewolftes Fleisch gern vor, und auch die Anschaffung eines eigenen Fleischwolfs kann sich lohnen.

Alternativ bietet sich für Katzen, die nicht gern kauen mögen, Fisch mit seinem von Natur aus sehr weichen Fleisch an. Vorausgesetzt, Ihre Katze mag und frisst Fisch.

Um vierbeinige Skeptiker auf den Geschmack zu bringen, kann man vorübergehend das gewohnte Futter mit dem neuen Futter mischen.

Tipp Nummer 4:
Mit Mischungen schummeln

Auch wenn eigentlich Trockenfutter oder Nassfutter nicht mit Rohfleisch vermischt werden sollte, können Sie anfangs eine kleine Menge gewolftes Fleisch unter das gewohnte Futter mischen. Nimmt Ihre Katze das gut an, können Sie es mit größeren Stücken versuchen und die Menge langsam steigern, bis Sie das industrielle Futter irgendwann ganz weglassen können.

EIN PAAR REZEPTBEISPIELE

Das Grundprinzip des Barfens ist, wie wir gesehen haben, ganz simpel. Eigentlich entscheiden nur Ihre persönlichen Vorlieben – und die Ihrer Katze – über die genaue Zusammenstellung der Zutaten. Allerdings werde ich immer wieder von Katzenhaltern, die gerade erst mit dem Barfen beginnen, gefragt, ob ich ihnen nicht ein paar konkrete Beispielrezepte für einzelne Tagesportionen an die Hand geben kann. So sind die folgenden Rezepte entstanden, die in ihrer Menge für unseren 5-Kilogramm-Beispielkater berechnet wurden. Passen Sie die einzelnen Zutaten bei einem anderen Gewicht Ihrer Katze gemäß der Formel auf Seite 33 an, wobei Sie die Mengen nicht auf das Gramm genau ermitteln müssen. Wie gesagt: Eine frei lebende Katze fängt auch nicht jeden Tag die gleiche Anzahl Mäuse.

Die Rezepte beziehen sich immer auf eine gesamte Tagesration. Je nachdem, wie oft Sie Ihre Katze am Tag füttern, müssen Sie die Menge für eine Portion teilen.

Die Beispielrezepte können nach Belieben verfeinert, ergänzt oder auch mit anderen Fleischsorten zubereitet werden. Anregungen hierzu finden Sie in der Übersicht über die verschiedenen Futterbestandteile ab Seite 42.

An dieser Stelle sei nochmals erwähnt, dass Abwechslung im Speiseplan Ihres Stubentigers sehr wichtig ist. Nur so kann Ihre Katze ausgewogen ernährt werden und bekommt alle Nährstoffe, Vitamine und Mineralien, die sie für ihre Gesundheit und zum Glücklichsein braucht.

Rinds- oder Kalbseintopf

85 g Muskelfleisch vom Rind oder Kalb
15 g Herz vom Rind oder Kalb
14 g Leber vom Rind oder Kalb
14 g Magen vom Rind oder Kalb
15 g Karotte
4 Blätter frischer Basilikum

Eine vollständige B.A.R.F.-Mahlzeit mit Geflügel.

7 g Haferflocken
Ggf. 50 ml Buttermilch
1 Teelöffel Öl (beliebige Sorte)
1 Tagesportion Knochenmehl
(laut Packungsangabe)

Muskelfleisch, Herz, Leber und Magen in kleine Stücke schneiden und mit dem Knochenmehl mischen.

Die Karotte klein raspeln, Basilikum hacken und die Haferflocken über das Futter streuen. Je nach Geschmack nehmen Sie trockene Haferflocken oder weichen Sie sie zuvor über Nacht in 50 ml Buttermilch ein.

Die eingeweichten Haferflocken können Sie Ihrem Stubentiger auch als „Frühstück" anbieten. Der Rest wird dann in zwei Portionen aufgeteilt und mittags und abends angeboten.

Geflügelmix

45 g Muskelfleisch vom Huhn
40 g Muskelfleisch von der Pute
20 g Herz von Huhn oder Pute
23 g Magen von Huhn oder Pute
15 g Salat (beliebige Sorte)
7 g Basmatireis
1 Prise Meersalz
1 Tagesportion Knochenmehl
(laut Packungsangabe)

Muskelfleisch, Herz und Magen in kleine Stücke schneiden. Salat waschen und pürieren. Reis gemäß Packungsangabe kochen, abkühlen lassen und mit dem Knochenmehl und püriertem Salat unter die Fleischmasse mischen. Grobes Meersalz mörsern und ebenfalls unter das Futter mischen.

Thunfisch mit Beilage

128 g Thunfischfilet

7 g Mais

8 g Kidneybohnen

7 g Kartoffeln

1 Tagesportion Taurinpulver

(laut Packungsangabe)

1 Tagesportion Knochenmehl

(laut Packungsangabe)

Thunfisch mit Beilage – eine ausgewogene Mahlzeit.

Das Thunfischfilet je nach Vorliebe der Katze in kleine Stücke schneiden oder im Ganzen in den Napf geben.

Mais, Kidneybohnen und Kartoffeln weich kochen, pürieren oder zerstampfen und mit dem untergemischten Taurinpulver sowie Knochenmehl zu dem Fisch geben.

Schlemmerkaninchen

85 g Muskelfleisch vom Kaninchen

13 g Kaninchenherz

15 g Kaninchenmagen

15 g Kaninchenlunge oder -leber

15 g rote Linsen

1 rohe Eierschale

½ Teelöffel Butter

7 g Dinkelflocken

Kaninchenfleisch und die Innereien in kleine Stücke schneiden. Die roten Linsen nach Packungsangabe zubereiten und weich kochen. Den Dinkel über Nacht in etwas Brühe einweichen. Die rohe Eierschale (ohne Stempel) sehr fein mörsern. Fleisch, Innereien, Linsen, Eierschale, Butter und Dinkel vermengen.

Fischtopf

32 g Kabeljaufilet

32 g Krabbenfleisch

32 g Seelachsfilet

32 g Forellenfilet

15 g Erbsen

7 g Reis

1 Tagesportion Taurinpulver

1 Tagesportion Knochenmehl

(laut Packungsangabe)

etwas Petersilie oder Dill

Die verschiedenen Fischsorten in kleine Stücke schneiden. Erbsen und Reis nach Packungsangabe weich kochen, abkühlen lassen und unter den Fisch mischen. Das Taurinpulver und Knochenmehl untermengen. Je nach Geschmack der Katze etwas Petersilie oder Dill klein hacken und über den Fischtopf streuen.

SPEZIALFÄLLE RICHTIG FÜTTERN

Jede Katze ist ein einzigartiges Individuum mit ganz speziellen Ansprüchen an eine optimale Fütterung. Auch wenn dieses Buch nicht jeden Einzelfall beschreiben kann: Die Kombination aus Grundlagenwissen, Augenmaß und gesundem Menschenverstand wird Ihnen dabei helfen, Ihre Katze nach den Prinzipien des Barfens richtig zu ernähren. In diesem Kapitel finden Sie Informationen darüber, wie Sie Ihre Katze in bestimmten Lebenssituationen optimal mit B.A.R.F. versorgen. Auch den drei häufigsten Zivilisationskrankheiten unserer Katzen, die einen klaren Bezug zur Fütterung haben, möchte ich ein paar

Sätze widmen und Sie ermutigen, gegebenenfalls mit Unterstützung eines B.A.R.F.-Experten auch die Ernährung Ihrer kranken Katze noch umzustellen.

Trächtige Katzen

Am Anfang der Trächtigkeit sind eine spezielle Nahrung oder eine Erhöhung der Futtermenge noch nicht notwendig. Erst ab der fünften Trächtigkeitswoche sollte die Katze zwei bis drei „Mäuse" mehr am Tag (dies entspricht 50 bis es, wenn die Gesamtration auf fünf bis sechs Mahlzeiten am Tag verteilt wird. Sollte Ihre Katze mehr als sechs Welpen haben, braucht sie sogar das Dreifache an Nahrung.

Die grundsätzliche Zusammensetzung einer B.A.R.F.-Mahlzeit ändert sich nicht, im Wesentlichen wird nur die Menge angehoben. Ebenso wie in der Trächtigkeit braucht die Katze allerdings in diesem Lebensabschnitt mehr Kalzium und Vitamine. Durch die Erhöhung der Knochenmehlgabe und die tägliche Ergänzung des Futters durch ein Multivitaminpräparat (exakte Mengen jeweils laut Packungsbeilage) wird dieser Bedarf gedeckt.

Ab ungefähr der dritten bis vierten Lebenswoche nehmen die Welpen weniger Muttermilch auf, sodass die Menge und Häufigkeit der Mahlzeiten für die Mutterkatze langsam wieder reduziert werden kann.

Bei trächtigen und säugenden Katzen ist der Vitaminbedarf sehr hoch – er wird am besten mit einem im Fachhandel erhältlichen Präparat gedeckt.

Katzenwelpen

Katzenwelpen haben grundsätzlich einen höheren Energiebedarf als ausgewachsene Katzen. Dies liegt zum einen am Wachstum, ist aber auch in erhöhter Aktivität der jungen Kätzchen begründet.

Bis ungefähr zur dritten bis vierten Lebenswoche werden die Kätzchen von ihrer Mutter gesäugt. Danach beginnen sie, sich für feste Nahrung zu interessieren. Ab jetzt sollten Katzenwelpen idealerweise sechsmal am Tag gefüttert werden, am besten mit einem Gemisch aus 50 Prozent Milchprodukten (Quark, Milch) und 50 Prozent B.A.R.F.-Kost. Um den hohen Bedarf an Vitaminen, Kalzium und Spurenelementen zu decken, bieten sich Multivitaminpasten aus dem Fachhandel an. Nach und nach wird dann der

60 Gramm) bekommen. Auch sollten Sie Ihre Katze jetzt häufiger füttern – vier über den Tag verteilte Mahlzeiten wären ideal.

Die Zusammensetzung der Nahrung verändert sich nicht grundlegend, allerdings sollten Sie ab dem 30. Trächtigkeitstag eine erhöhte Menge an Kalzium, am besten in Form von Knochenmehl (Menge laut Packungsbeilage) und täglich ein Multivitaminpräparat geben.

Säugende Katzen

Säugende Katzen brauchen zur Milchproduktion grundsätzlich mindestens die doppelte Menge an Nahrung als nicht säugende Katzen. Am besten ist

fünften Lebensmonat noch vier Mahlzeiten am Tag gefüttert werden, ab dem zehnten Monat drei und ab dem zwölften Monat zwei Mahlzeiten. Ungefähr ab dem Alter von einem Jahr ist die Katze erwachsen und kann nun die individuell passende Futtermenge bekommen, die sich aus der Formel auf Seite 33 ergibt.

Seniorkatzen

Viele Katzen werden ab ungefähr dem zehnten Lebensjahr ruhiger, sie schlafen mehr und sind nicht mehr ganz so agil und verspielt wie früher. Auch die Organe altern und der Stoffwechsel verlangsamt sich. Daraus resultiert ein geringerer Energiebedarf. Beobachten Sie Ihre Katze genau und kontrollieren Sie öfter das Gewicht. Falls Ihre Katze zunimmt, sollten Sie eingreifen und in Mäuseschritten die Futterration reduzieren. Meist reicht es, ein bis zwei „Mäuse" am Tag weniger zu verfüttern, also 20 bis 40 Gramm, um das Gewicht zu normalisieren.

Wachstum und Spieltrieb lassen den Energiebedarf junger Kätzchen in die Höhe schnellen. (Foto: animals digital/Thomas Brodmann)

Anteil der Milchprodukte reduziert und die Menge der B.A.R.F.-Mahlzeit erhöht, sodass die Welpen ab der zehnten bis zwölften Woche nur noch gebarft werden.

Katzenwelpen und heranwachsende Katzen ab der zehnten Woche bis ungefähr zum zehnten Lebensmonat benötigen 10 bis 15 Prozent mehr Nahrung als ausgewachsene Katzen. Dies entspricht ungefähr ein bis zwei Mäusen (20 bis 40 Gramm) mehr. Die Zusammensetzung der Nahrung ist dieselbe wie bei ausgewachsenen Katzen.

Die Aufteilung der Gesamtfuttermenge auf mehrere Tagesportionen ist bei jungen Kätzchen wichtig, kann dann aber nach und nach verringert werden. Optimal ist es, wenn ab dem

Übergewichtige Katzen

Woran bemerke ich, dass meine Katze übergewichtig ist? Natürlich werden Sie es am Gewicht Ihrer Katze bemerken. Da es rasse- und typspezifisch allerdings unterschiedliche Idealwerte gibt, reicht der Blick auf die Waage nicht aus. Einen Hinweis auf Übergewicht bekommen Sie, wenn Sie die Rippen und die Wirbelsäule Ihrer Katze durch normales Streicheln nicht mehr fühlen können. Falls Sie unsicher sind, fragen Sie Ihren Tierarzt oder Tierheilpraktiker.

Übergewicht sieht nicht nur unschön aus, sondern ist auch gefährlich für die Gesundheit der Katze. (Foto: animals digital/Thomas Brodmann)

Feliner Diabetes mellitus

Der Feline Diabetes mellitus, die Zuckerkrankheit der Katze oder auch Katzendiabetes genannt, ist in der Regel eine durch falsche Ernährung erworbene Krankheit. Diabetes wird sowohl bei der Katze als auch beim Menschen zur Gruppe der Zivilisationskrankheiten gezählt, da er durch die Lebensumstände in unserer modernen Gesellschaft, insbesondere durch die Ernährung, begünstigt wird. Allerdings sind die Symptome bei der Katze etwas anders als bei uns und deswegen im Anfangsstadium auch schwer zu erkennen.

Diabetes kann bei Katzen prinzipiell in jedem Alter auftreten, ist jedoch eher bei Samtpfoten nach dem siebten Lebensjahr üblich. Männliche Katzen erkranken prozentual gesehen häufiger als weibliche Katzen, und das Erkrankungsrisiko ist bei kastrierten Tieren höher als bei unkastrierten. Vor allem spielen falsche Ernährung, Bewegungsmangel und Übergewicht eine Rolle, wenn es um das Risiko für das Entstehen der Krankheit geht.

Kurz gesagt ist Diabetes mellitus die Unfähigkeit des Körpers, den Blutzuckerspiegel im Blut selbstständig zu senken. Normalerweise geschieht dies mithilfe des Bauchspeicheldrüsenhormons Insulin. Bei Diabetes herrscht ein Insulinmangel oder ein vollständiges Fehlen dieses Hormons vor.

Die Leitsymptome dieser Krankheit sind:

- Gesteigerter Durst
- Vermehrter und häufiger Harnabsatz
- Gewichtsabnahme trotz vermehrter Futteraufnahme

Übergewicht gefährdet nicht nur beim Menschen, sondern auch bei Katzen die Gesundheit und erhöht zum Beispiel das Risiko für Diabetes (siehe nächstes Kapitel).

Man kann fast sagen: B.A.R.F. ist die beste Diät! Wenn Sie die Ernährung Ihrer Katze umstellen, purzeln die Pfunde von allein. B.A.R.F. ist eine vollwertige Ernährung, sodass Ihre Katze schneller satt sein wird. Hungerkuren, die wenig bringen und sogar gefährlich werden können, brauchen Sie nicht durchzuführen. Errechnen Sie die Normfuttermenge, ausgehend vom Idealgewicht, und achten Sie darauf, die Leckerchengabe zwischendurch einzuschränken. Sie werden sehen: Sie bekommen mit der Zeit eine vitale und schlanke Katze zurück.

* Plantigrader Gang, auch bärentatziger Gang genannt, wobei das Tier nicht nur mit den Hinterpfoten auftritt, sondern mit dem ganzen Bein bis hin zum Fersengelenk – meist aufgrund eines verminderten Schmerzempfindens (diabetische Neuropathie)

Sollte Ihr Stubentiger eines oder mehrere dieser Symptome zeigen, sollten Sie den Gang zum Tierarzt oder Tierheilpraktiker nicht scheuen und sich eine genaue Diagnose geben lassen. Handelt es sich tatsächlich um Diabetes, ist die richtige Ernährung die halbe Therapie. Sie brauchen dann allerdings den Rat eines Fachmanns, der auch die Rationsberechnung in der Diätetik beherrscht. Der Vorteil beim Barfen einer diabetischen Katze: Sie wissen immer genau, was Ihr Stubentiger frisst, und müssen keine versteckten Kohlenhydrate fürchten.

Chronische Niereninsuffizienz

Die chronische Niereninsuffizienz ist eine der häufigsten Todesursachen unserer Katzen. Sie wird definiert als langsame Verschlechterung der Nierenfunktionen und ist leider irreversibel, das heißt unheilbar. Im besten Fall kann man medikamentös und durch Ernährungsumstellung das Fortschreiten verlangsamen und dem Tier eine etwas bessere Lebensqualität und höhere Lebenserwartung bieten als ohne diese Maßnahmen.

Woher diese Krankheit kommt, kann in den seltensten Fällen geklärt werden. Meist schließt sie sich an eine akute Nierenentzündung an, wobei einer der Auslöser eine Fehlernährung mit zu vielen Kohlenhydraten und dadurch bedingtem Phosphorüberschuss sein kann.

Die häufigsten und aussagekräftigsten Symptome sind:

* Verminderter Appetit, Fressunlust
* Vermehrter Durst
* Vermehrter Urinabsatz
* Abgeschlagenheit, manchmal auch Apathie
* Häufiges Erbrechen
* Gewichtsverlust
* Süßlicher Geruch aus dem Maul
* Stumpfes Fell

Auch hier sollten Sie sofort den Tierarzt aufsuchen, wenn Sie entsprechende Symptome an Ihrer Katze entdecken. Dieser kann dann mit verschiedenen Untersuchungsmethoden, wie Ultraschall, die genaue Diagnose stellen. Wird tatsächlich eine chronische Niereninsuffizienz festgestellt, sind Medikamente notwendig.

Über die Umstellung der Kost kann man den Allgemeinzustand ebenfalls oft deutlich verbessern und die Lebenserwartung erhöhen. Suchen Sie einen B.A.R.F.-Experten auf, der Ihnen einen speziell für Ihr Tier berechneten Futterplan aufstellt.

Mit einer Ernährungsumstellung auf B.A.R.F. haben Sie diese Voraussetzung der Fütterung Ihres Stubentigers erfüllt. Es gibt kein hochwertigeres Eiweiß als jenes, das in frischem Fleisch enthalten ist. Auch werden durch die kohlenhydratarme Ernährung der Organismus und der Stoffwechsel der Katze nicht so stark belastet, weil diese Kost leichter verdaulich ist. Somit haben Sie eine gute Grundlage, Ihrem Tier eine bessere Lebensqualität und hoffentlich auch längere Lebenserwartung zu bieten. Aber auch hier gilt: Suchen Sie einen B.A.R.F.-Experten auf, der Ihnen einen speziell auf Ihr Tier berechneten Futterplan aufstellt.

Juckreiz kann ein typisches Anzeichen dafür sein, dass die Katze einen Futterbestandteil nicht verträgt. (Foto: animals digital/Thomas Brodmann)

Futtermittelallergie und -unverträglichkeit

Immer häufiger treten bei Katzen, ähnlich wie beim Menschen, Allergien und Unverträglichkeiten gegenüber bestimmten Nahrungsmitteln oder -bestandteilen auf. Als mitverantwortlich dafür gelten die vielen Zusatzstoffe in Fertigfutter.

Während bei einer Allergie das Immunsystem der Katze auf einen bestimmten, eigentlich harmlosen Inhaltsstoff der Nahrung mit übersteigerter Abwehr reagiert, liegt bei der Futtermittelunverträglichkeit meist ein Enzymdefekt im Darm vor, sodass beispielsweise ein bestimmtes Eiweiß nicht gespalten werden kann.

Anhand der Symptome lassen sich Allergie und Unverträglichkeit oft nicht voneinander unterscheiden. In beiden Fällen kann es zu Hautirritationen und Juckreiz, aber auch zu Durchfall und Erbrechen kommen.

Der sicherste und eindeutigste Weg zur Diagnose einer Futtermittelallergie oder einer Futtermittelunverträglichkeit, gleichzeitig aber auch der langwierigste, ist die Durchführung einer Ausschlussdiät (Eliminationsdiät). Sie beginnt mit einem Futter, das die Katze im Optimalfall noch nie in ihrem Leben gefressen hat. Pferdefleisch oder Straußenfleisch und Hülsenfrüchte, wie weich gekochte Linsen, sind in so gut wie keinem Fertigfuttermittel enthalten und eignen sich somit hervorragend. Die in früheren Jahren empfohlene Ausschlussdiät mit Lamm und Reis führt hingegen nicht mehr zwingend zum Erfolg, da gerade Lamm inzwischen vermehrt in Fertigfutter enthalten ist.

Die Diät sollte über mindestens 15 Wochen durchgeführt werden, da ein einmal aufgenommenes Allergen bis zu 13 Wochen für Juckreiz und andere Symptome verantwortlich sein kann. Während der Zeit der Ausschlussdiät darf es keinerlei Leckerchen, Vitaminpräparate oder sonstige Supplemente geben, von Essensresten ganz zu schweigen. Außerdem sollten keine Medikamente gegen die Allergie und auch keine Naturheilmittel oder Kräuter gegeben werden, um das Ergebnis der Ausschlussdiät nicht zu verfälschen.

Im Anschluss an diese Diätphase empfiehlt es sich, einen sogenannten Provokationstest durchzuführen. Das bedeutet, dass für etwa 14 Tage wieder das ursprüngliche Futtermittel gefüttert wird. Erst wenn jetzt wieder die vorherigen Symptome wie Juckreiz, Durchfall und/oder Erbrechen auftreten, kann die Diagnose „Futtermittelallergie/Futtermittelunverträglichkeit" sicher gestellt werden.

Nach Abschluss des Provokationstests kehrt man wieder zum Futtermittel der Ausschlussdiät zurück und fügt nun im Abstand von circa 14 Tagen jeweils einen weiteren Futtermittelbestandteil (Rindfleisch, Lammfleisch, Hühnerfleisch, Fisch, verschiedene Gemüsesorten, Kräuter und so weiter) hinzu. Treten keine Allergiesymptome auf, kann man diesen Bestandteil auf die Liste der geeigneten Futtermittel setzen.

So können Sie im Lauf der Zeit testen, welches Futter für Ihre Katze geeignet ist. Die gleiche Vorgehensweise gilt auch bei Vitaminen und anderen Futterzusätzen.

Die Ausschlussdiät ist zwangsläufig eine sehr einseitige Fütterung. Über den verhältnismäßig langen Zeitraum kann es deshalb zu geringfügigen Mangelerscheinungen kommen, die man allerdings in Kauf nimmt, weil es nur so gelingt, die Katze anschließend langfristig gut und allergenfrei zu ernähren.

BARFEN IM URLAUB

Urlaubsvorbereitungen sind an sich ja nichts Neues – aber vielleicht fahren Sie jetzt das erste Mal in den Urlaub, seit Sie Ihre Katze barfen? Dann ist guter Rat gefragt, damit Ihre Urlaubsvertretung, falls Sie Ihren Stubentiger nicht mitnehmen können, die Fütterung entsprechend Ihren Wünschen übernimmt. Für Familie, Freunde oder Nachbarn können Sie die Mahlzeiten normal vorbereiten und portionsweise einfrieren. Wenn Sie ihnen zuvor den Grundgedanken des Barfens erklären, werden sie sicher auch ihre eventuelle Scheu gegen rohes Fleisch verlieren. Aber auch in der Tierpension oder beim Catsitter spricht nichts dagegen, dass Ihre Katze auch während Ihres Urlaubs die gewohnte Kost erhält.

Eine gute Tierpension finden

Leider ist es nicht unbedingt einfach, eine gute Tierpension zu finden. Neben vielen anderen Kriterien, die das Urlaubsdomizil für Ihre Katze erfüllen muss, sollten sich die Betreuer auf die Rohfütterung Ihres Vierbeiners einlassen. Bestenfalls verfügen sie selbst über entsprechende Kenntnisse und Erfahrungen. Ist diese Voraussetzung nicht gegeben, wäre es absurd, wenn Ihre gebarfte Katze plötzlich Dosenfutter bekommen würde. Vielleicht können Sie die Pensionsbetreiber ja überzeugen – ansonsten wird Ihnen nichts anderes übrig bleiben, als sich auf die

Suche nach einer anderen Unterkunft zu machen. Generell sollten die Tierpfleger ihre Fachkompetenz durch eine entsprechende Ausbildung und/oder einen Sachkundenachweis belegen können. Für die Pension selbst muss eine amtstierärztliche Genehmigung vorliegen; eine regelmäßige Betreuung durch Tierärzte und/oder Tierheilpraktiker sollte gegeben sein. Besuchen Sie die Tierpension rechtzeitig, am besten ein paar Wochen vor Ihrem Urlaub, und stellen Sie ein paar gezielte Fragen, zum Beispiel:

- Wo wird mein Tier untergebracht? Kann ich das Gehege oder den Raum anschauen?
- Wird mein Tier allein oder mit anderen Katzen untergebracht? Und wenn ja, mit wie vielen?
- Kann ich eigenes Spielzeug und Decken meiner Katze mitbringen?
- Gibt es Außengehege für meinen Freigänger?
- Wie und wie lange beschäftigt man sich mit meinem Stubentiger?
- Wer ist für meine Katze zuständig?

Wo bleibt denn mein Catsitter?

Bevor Sie Ihre Katze im Urlaub in eine Pension geben, sollten Sie genau prüfen, ob dort Ihre Wünsche an die Fütterung erfüllt werden.

- Wer übernimmt die Pflege meiner Katze, etwa das tägliche Bürsten bei Langhaarkatzen?

Achten Sie auf Art und Sauberkeit der Unterkünfte und auch darauf, wie das Personal mit den Katzen umgeht. Wenn diese ganzen Bedingungen (und alles, was Ihnen sonst noch im Umgang mit Ihrem vierbeinigen Liebling wichtig ist) stimmen, können Sie Ihr Tier beruhigt kurz vor Ihrem Urlaub in diese Unterkunft abgeben.

Der Nachteil einer Tierpension besteht darin, dass die Katze aus ihrer gewohnten Umgebung, ihrem Revier, herausgerissen wird und zudem nicht mit den ihr vertrauten Menschen zusammen sein kann. Außerdem ist sie unter Umständen mit fremden Tieren in einem Zimmer oder wird beispielsweise mit Hunden konfrontiert. So etwas kann schon mal zu Aggressionen oder Ängsten führen. Überlegen Sie sich deshalb gut, ob eine Tierpension die richtige Wahl für Ihre Samtpfote ist.

Profis mit Herz: Catsitter

Die oftmals bessere Alternative zur Tierpension ist hier der professionelle Catsitter. Fragen Sie bei Ihrem Tierarzt oder Tierheilpraktiker nach. Bestimmt wird man Ihnen Telefonnummern nennen können. Auch die Katzennothilfe, die es in fast jeder Stadt gibt, oder ein Katzenschutzverein kann Sie beraten.

Catsitter sind Menschen, die Ihre Katze in der gewohnten Umgebung, also Ihrer Wohnung, betreuen. Sie füttern sie, spielen mit ihnen und lassen auch die anderen Grundbedürfnisse, wie die Sauberkeit der Katzentoilette, nicht außer Acht.

Auch bei Catsittern sollten Sie sich vorher mit der für Ihre Katze zuständigen Person treffen und viele Fragen stellen. Ihre Katze sollte vorher Gelegenheit bekommen, diesen Menschen schon mal zu „beschnuppern". Man möchte ja, dass auch zwischen den beiden die Chemie stimmt. Außerdem können Sie so den Catsitter beim Umgang mit Ihrer Katze ein bisschen beobachten.

Personen, die über die Katzenschutzbünde oder Katzenschutzvereine empfohlen werden, sind vertrauenswürdig und meistens sogar ausgebildetes Fachpersonal aus Tierheimen, studierte Tierheilpraktiker oder Tierärzte, die diesen Service in ihrer Freizeit anbieten. Trotzdem sollten Sie sie über die Gewohnheiten und Eigenarten Ihrer Katze informieren, das Lieblingsspielzeug zeigen und sonstige kleine „Macken" nennen. Ganz besonders gründlich muss die Einweisung ins Thema Fütterung erfolgen. Erklären Sie dem Catsitter genau, wie und was Sie füttern, was Ihr Stubentiger mag und was nicht. Je mehr der Catsitter über Ihre Katze weiß, umso angenehmer und stressfreier wird die Urlaubszeit für Mensch und Tier.

Mit der Katze auf Reisen

Wenn Ihre Katze Sie auf Ihrer Reise begleiten kann, können Sie vor dem Urlaub eine ausreichende Menge Fleisch oder Fisch kaufen, die Mahlzeiten wie gewohnt zubereiten und in Tagesportionen einfrieren. Oder Sie kaufen beim Fachhändler fertig portioniertes, tiefgefrorenes Fleisch, das Sie gut verpackt in einer Kühltasche verstauen sollten. Voraussetzung ist, dass Sie auch im Feriendomizil über ausreichende Kühlkapazität verfügen. Bei weiten Reisestrecken bleibt trotz optimaler Verpackung ein Restrisiko, dass das Fleisch unterwegs auftaut.

Noch leichter ist es, wenn an Ihrem Urlaubsort sämtliche Einkaufsmöglichkeiten vorhanden sind. Ein paar Standardrezepte und Zusätze können Sie mitnehmen. Kurzzeitig ist es kein Problem, wenn die Nahrung nicht hundertprozentig ausgewogen ist, und Ihre Katze wird keine Mangelerscheinungen bekommen.

Falls der Einkauf sich vor Ort schwierig gestaltet, müssen Sie auf Alternativen ausweichen. Diese wären ungewürztes Trockenfleisch (das sich übrigens auch hervorragend als gesundes Leckerchen eignet), gefriergetrocknetes Fleisch, Reinfleisch in der Dose, tiefgefrorenes Gemüse, Gemüse in Gläschen ohne Konservierungsstoffe oder andere Zusätze sowie Gemüseflocken. Auch wenn dies keine Futtermittel im eigentlichen Sinne von B.A.R.F. sind, stellen sie eine mögliche Alternative dar, damit man ein paar Tage oder Wochen überbrücken kann.

Vor Auslandsreisen sollten Sie sich im Internet oder bei der zuständigen Touristeninformation erkundigen, welche gesetzlichen Einschränkungen es bezüglich der Einfuhr von Fleisch in das Reiseland gib

WIE GEHE ICH MIT VORURTEILEN GEGENÜBER DEM BARFEN UM?

Wer seine Katzen mit rohem Fleisch ernährt oder eine Umstellung in Erwägung zieht, muss sich auch mit Vorurteilen auseinandersetzen, die ihnen von anderen Tierhaltern, aber auch von Tierärzten, Tierheilpraktikern und Futtermittelhändlern entgegengebracht werden.

Diese Vorurteile können sehr vielfältig sein und manchmal ziemliche Kreise ziehen. Besonders kompliziert wird es dann, wenn sie von Fachleuten verbreitet werden, die man als Katzenbesitzer aufsucht, um Rat und Hilfe zu erhalten.

Typische Aussagen, mit denen man konfrontiert wird, sind:

- Diese Art der Ernährung ist gefährlich, weil sich die Katzen an dem rohen Fleisch mit Bakterien, Würmern und Salmonellen infizieren können.
- Rohes Fleisch macht Tiere aggressiv.
- Rohfleischfütterung ist teuer.
- Das ist doch nur eine Modeerscheinung.
- Es ist unmöglich, mit selbst zubereitetem Futter den Nährstoffbedarf der Katze abzudecken und so das Tier ausgewogen zu ernähren.

Auf einige Punkte bin ich bereits vorn im Kapitel „Mythen der Katzenernährung" (ab Seite 11) eingegangen. Weil es ein so schwieriges Thema ist, möchte ich Ihnen hier nochmals eine Hilfestellung geben, damit sie den schwierigen Diskussionen gelassen begegnen können. Gerade in der Anfangszeit, wenn man sich selbst noch nicht hundertprozentig sicher ist und noch viele Fragen offen sind, führen Vorurteile der Mitmenschen durchaus zu Verunsicherung und Verwirrung. Aber auch langjährige und erfahrene Barfer kann eine solche Diskussion ganz schön Nerven kosten – ich spreche da aus Erfahrung …

Es ist erheblich von Vorteil, wenn man gut informiert ist und sich im Vorfeld auf die kaum vermeidbaren Diskussionen vorbereitet. Sachliche Argumente sind eine gute Argumentationsgrundlage und können dem Gesprächspartner oft schon den Wind aus den Segeln nehmen. Auch ein gesunder Spritzer Humor trägt zur Entspannung der Situation bei. Allerdings sollten Sie sich vorher überlegen, ob es überhaupt sinnvoll ist, auf derartige Äußerungen einzugehen oder ob Sie lieber ihre Nerven schonen und sich Ihren Teil denken. Auch sollten Sie nicht auf Biegen und Brechen versuchen, Ihr Gegenüber von Ihrer Meinung zu überzeugen. Geben Sie ihm die Chance, über eine veränderte Sicht auf die Katzenfütterung nachzudenken und selbst zu entscheiden, was er für gut und richtig hält.

So lästig die immer wiederkehrenden Diskussionen über die Rohfütterung auch sind: Sie haben auch ihre positive Seite. Denn letztendlich trägt jede wie auch immer angelegte Unterhaltung zum Thema B.A.R.F. dazu bei, dass das Thema im Gespräch bleibt und Informationen weitergegeben werden. Auch setzen sich viele Gesprächspartner, die vorher strikt gegen diese Art der Fütterung waren, nachher eingehender mit ihr auseinander und beginnen, selbst Fakten zu sammeln. Auch das trägt dazu bei, dass mit Vorurteilen aufgeräumt wird.

Ich selbst habe schon einige hoffnungslose Diskussionen geführt, die ich irgendwann entnervt abgebrochen habe. So mancher damals unverbesserliche Diskussionspartner ist inzwischen, nach eigenen Recherchen, zum überzeugten Barfer geworden. Auch so kann es gehen.

ZUM SCHLUSS

Vielleicht haben Sie an mancher Stelle beim Lesen dieses Buches den Eindruck gewonnen, ich sei der Meinung, in der Tierfuttermittelindustrie und auch unter den Tierärzten arbeiteten nur Betrüger und Lügner. Es liegt mir fern, eine solche Aussage zu treffen. Natürlich gibt es hier, genauso wie in jedem anderen Bereich auch, schwarze und weiße Schafe. Mittlerweile geben einige Futtermittelhersteller zu, dass sie Fehler begangen haben, oder nehmen Werbeaussagen zurück, mit denen sie Kunden ködern wollten und die nachweislich unwahr sind. Auch gibt es Tierärzte, die sich eines Besseren besonnen haben, die ganzheitlicher beraten und behandeln.

Es liegt an Ihnen, inwieweit Sie nach dem Lesen dieses Buches der Werbung für herkömmliches Futtermittel noch vertrauen. Ich hoffe jedenfalls, ich konnte die Weichen für eine gesunde Fütterung

Ihres Stubentigers stellen. Viele Studien belegen, dass Katzen, die gebarft werden, gesünder, zufriedener und länger leben. Nervöse und ängstliche Katzen werden ruhiger und gelassener. Faule Samtpfoten werden agiler und haben wieder Freude an Bewegung. Die Gesundheit verbessert sich, weil die Katzen mit allen Nährstoffen und Vitaminen versorgt werden, die ihr Körper braucht. Allerdings wäre es eine Illusion zu glauben, dass gebarfte Katzen nie wieder krank werden. Auch sie haben angeborene Allergien oder die genetische Veranlagung für bestimmte Krankheiten, schlechte Zähne oder Ähnliches. Die gesunde Ernährung mit B.A.R.F. hilft ihnen immerhin, schneller zu gesunden, weil ihr Körper insgesamt widerstandsfähiger ist.

In diesem Sinne wünsche ich Ihnen und Ihrem Stubentiger viel Erfolg und Spaß beim Barfen!

ANHANG

Ein kleines Dankeschön

Es gibt ein paar Menschen in meinem Leben, ohne die dieses Buch gar nicht erst entstanden wäre. Ein herzliches Dankeschön also:

- an Britta Franke, mein Vorbild, meine gute Bekannte und ehemalige Dozentin, die mich auf die Idee gebracht hat, dieses Buch zu schreiben,
- an Thorsten Leiendecker, meinen Ehemann, der die schönen Fotos beigesteuert hat, für die Freiräume zum Schreiben sorgte und mein erster bereitwilliger Korrekturleser war,
- an die vielen Katzenmodels und ihre Besitzer, denen wir für die Fotoproduktion teils etwas auf die Nerven gegangen sind,
- an meine Familie und meine Freunde, die mich immer wieder angespornt, inspiriert und mit konstruktiver Kritik begleitet haben,
- und zu guter Letzt an meine Katze Batida!

Tipps zum Weiterlesen

Martina Braun: Kätzisch für Nichtkatzen. Brunsbek: Cadmos, 2007.
Hans-Ulrich Grimm: Katzen würden Mäuse kaufen. Schwarzbuch Tierfutter. Heyne, 2009.
Sabine Schroll: Handbuch Katzenkrankheiten. Brunsbek: Cadmos, 2008.
Sabine Schroll: Wenn Katzen Kummer machen. Brunsbek: Cadmos, 2009.
Susanne Vorbrich: Das Wohlfühlbuch für Wohnungskatzen. Brunsbek: Cadmos, 2005.

Kontakt zur Autorin

Nadine Leiendecker
Röckebecke 20
42389 Wuppertal
www.tierheilpraxis-wuppertal.de

REGISTER

CADMOS
Katzenbücher

Marlitt Wendt
Wie Katzen ticken

Flinke Jäger, liebenswerte Schmeichler, übermütige Spieler, geheimnisvolle Fabelwesen, schnurrende Träumer – Katzen sind alles auf einmal und noch viel mehr. Die Verhaltensbiologin Marlitt Wendt gewährt einen Blick in die Welt hinter den Katzenaugen und präsentiert spannende Fakten über die Intelligenz und die Gefühlswelt unserer samtpfotigen Mitbewohner.

96 Seiten, farbig, broschiert
ISBN 978-3-8404-4003-8

Sabine Schroll
Wenn Katzen Kummer machen

Dieses Buch erklärt die wichtigsten Verhaltensprobleme der Katze wie Unsauberkeit, Kratzmarkieren, Harnmarkieren, Angststörungen und andere mehr und zeigt Lösungsmöglichkeiten auf. Wer seine Katze besser versteht, hat den ersten Schritt getan, um Probleme dauerhaft beheben und das Zusammenleben wieder harmonisch gestalten zu können.

96 Seiten, farbig, broschiert
ISBN 978-3-86127-137-6

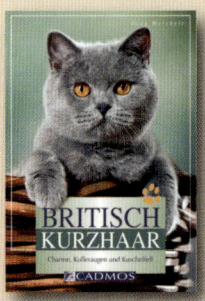

Jana Weichelt
Britisch Kurzhaar

Die Britisch Kurzhaar Katze ist eine der beliebtesten Rassekatzen Europas. Dieses Buch informiert über den Rassestandard, die vielen Farb- und Zeichnungsvariationen sowie das besonders sanftmütige Wesen der Samtpfötchen von der Insel, gibt Hinweise zum Katzenkauf sowie Tipps zu Haltung und Pflege. Die Autorin, selbst Züchterin und Tierfotografin, zeichnet ein liebevolles Porträt der Rasse, deren Charme sich kein Katzenliebhaber entziehen kann.

96 Seiten, farbig, broschiert
ISBN 978-3-8404-4002-1

Christine Hauschild
Trickschule für Katzen

Viele Katzen sind im Alltagstrott des Wohnungslebens hoffnungslos unterfordert. Dieses Buch zeigt, wie man mithilfe des Clickertrainings die Langeweile des Stubentigers durchbrechen, Verhaltensproblemen vorbeugen und zugleich auch noch das Staunen seiner Mitmenschen auf sich ziehen kann. Ob Nasenküsschen, Slalom oder Sprung durch den Reifen – wenn man weiß, wie es geht, ist Spaß für Katze und Mensch beim gemeinsamen Einstudieren garantiert!

96 Seiten, farbig, broschiert
ISBN 978-3-8404-4004-5

Helena Dbalý/Stefanie Sigl
Das Spielebuch für Katzen

Katzen müssen spielen – damit sie sich wohlfühlen, körperlich und geistig fit bleiben und keine Verhaltensauffälligkeiten entwickeln. Viele Hauskatzen langweilen sich und leiden unter der mangelnden Fantasie ihrer Menschen. Das wird mit diesem Buch anders! Eine Fülle kreativer Spielideen garantiert Spannung und Abwechslung für Menschen und Katzen jeden Alters.

112 Seiten, farbig, broschiert
ISBN 978-3-86127-133-8

Cadmos Verlag GmbH · Möllner Straße 47 · 21493 Schwarzenbek
Telefon 04151-87 90 7-0 · Fax 04151-87 90 7-12 · info@cadmos.de
Besuchen Sie uns im Internet: www.cadmos.de

CADMOS